Making of our garden

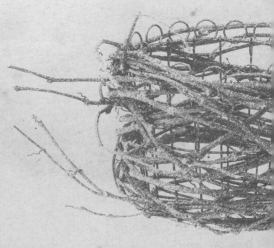

Making of our garden

Making of our garden

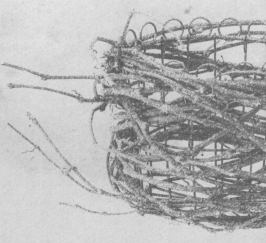

Making of our garden

我的第一本
花草園藝書

花木植栽 × 景觀設計 × 雜貨布置 ・ 讓庭園染上四季之彩

Making of our garden

「大家好
我是Flora黑田園藝の
健太郎。」

希望您
在閱讀此書時，
能彷彿造訪Flora黑田園藝
一窺美麗的庭園般
身歷其境——。

我任職於埼玉市的「Flora黑田園藝」。每天的工作是教導訪

客關於植物的常識與照顧新進的苗種。工作之餘，會在店裡的

空地享受打造庭園的樂趣。身為黑田家的長子，我從小就喜歡

植物，栽培花草一直是生活的一部分。然而正式開始打造提供

顧客欣賞的庭園，其實不過短短三年的時間。每天都在不斷思

索，如何利用雜貨和搭配花草，創造出令人感動的場景。有時

候也會種了之後才發現：「怎麼跟我想的不一樣！」雖然常常

失敗，我依舊覺得園藝工作很有趣；思考庭園的場景時，腦中

也會不斷出現各種點子。成為大人之後居然還有如此令人雀躍

不已的工作，真是太幸福了！雖然我打造庭園的方法不是什麼

名家的正統方式，還是想藉由本書和大家分享我對於打造庭園

的想法。

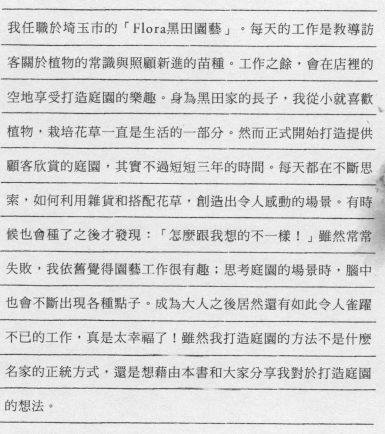

K. Kentaro

Contents

歡　迎　參　觀

我的庭園永遠
永遠為大家敞開

Flora黑田園藝的商品是各種苗種。然而不知從何時開始，
我開始想要告訴大家種在地裡時植物所呈現的美麗樣貌與生
長的情況。秉持這樣的念想，開始在店面的空地打造庭園。
歡迎大家來園裡參觀不同季節的花木。

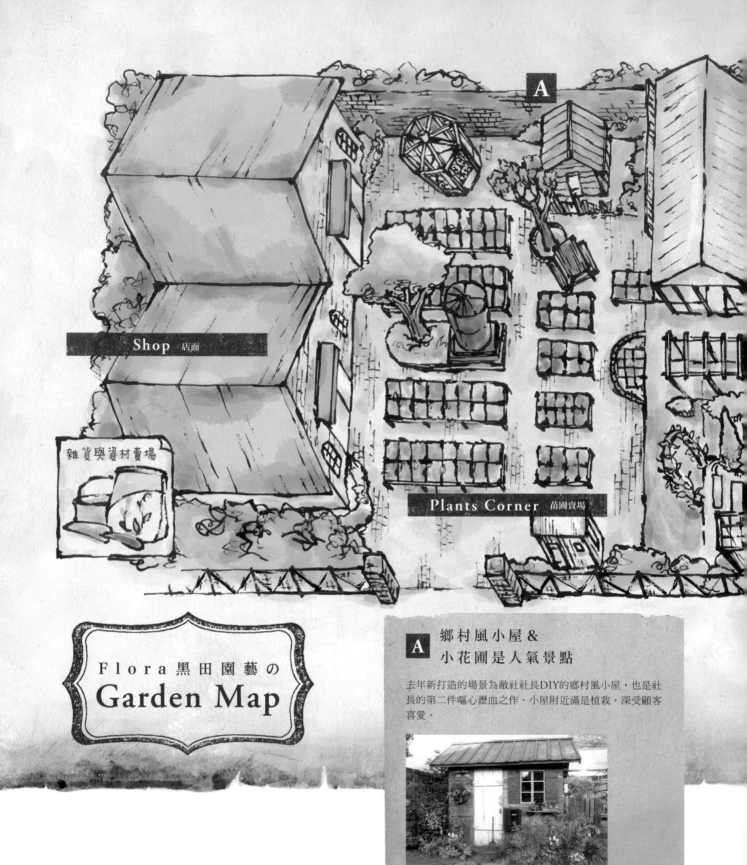

Shop 店面

雜貨與資材賣場

Plants Corner 苗圃賣場

A

Flora 黑田園藝の
Garden Map

A 鄉村風小屋&
小花圃是人氣景點

去年新打造的場景為敝社社長DIY的鄉村風小屋,也是社長的第二件嘔心瀝血之作。小屋附近滿是植栽,深受顧客喜愛。

多肉植物&花盆賣場

B

公車站區
享受每個季節不同的風情

模仿公車站的小屋是圍籬旁花圃的焦點,庭園小徑兩邊的升高花床植滿當季的花草。

C

平緩小徑
四周的植物引人矚目

這張照片呈現Flora黑田園藝的典型景象。通往鄉村風小屋的小徑旁,兩側花圃都種滿討喜的花草。

Making of our garden

庭園裡種植的都是
賣場所販售的花草,
歡迎參考!

「Flora黑田園藝」被樹林與農田環繞,營造出悠閒自在的氛圍。入口前方陳列著當季的花苗;左邊的紅磚建築裡,販售著裝飾庭園的雜貨、培土、肥料與種子;右斜後方的溫室建築為多肉植物與花盆的賣場。走入店內,可發現被打造成庭園的綠色空間,我在此種植店內販賣的苗種,並嘗試各種美麗的擺設。庭園可說是我最重要且最喜愛的實驗室,可以在此盡情地打造心目中理想的庭園。

歡 迎 來 到 我 的 庭 園

一間間充滿童話風的小屋坐落於庭園之中。

我負責設計，實際製作交給擅長木作DIY的社長執行。

照顧庭園的植栽也是我的工作。親手種下許多充滿生命力的多年生花木、一年花草、地衣植坡……

像這樣嬌嫩欲滴的花兒……

或這些欣欣向榮的小草們……

打造庭園是令人身心愉悅的美好時光，我會趁著工作的空檔進行。

庭園中的小徑鋪面也下了一番功夫。組合多種二手材料，讓小徑充滿懷舊風格。

合植多種植物也是我的興趣之一，可帶給庭園點睛的效果。我會定期開課教學喔！

庭園四處可見當季花木製作的浪漫花圈。

每天都幸福地生活在迷人的景致中。
以下要向大家介紹Flora黑田園藝庭園的焦點。

裝飾牆面的雜貨與植物。

可以在賣場選購用來裝飾牆面的雜貨。

有時候也會自行油漆或加工市售的現成品雜貨，多增添手作感。

飄落象徵季節的紅葉，時光正在流逝……

不知不覺就來到了寂靜的冬天，凝望被雪染白的庭園，別有一番風情。

這是被寒冬結凍的雨水嗎？昨晚的低溫大概也讓花草們受寒了。

觀察庭園每日細微的變化，是一件令人身心愉悅的事。迎接春天的到來庭園也復甦朝氣！

春天正式來臨，今天的天空一片蔚藍，空氣非常清新。花草們看起來心情也很好的樣子！

太好了！趁著萬物欣欣向榮，又萌生改造庭園的新靈感了！

Making of our garden

打 造 庭 園 的 方 式

打造庭園從創造喜歡的場景開始，
串聯許多小小的景點，不知不覺成為我理想中的庭園！

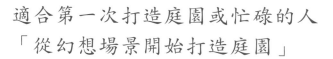

適合第一次打造庭園或忙碌的人
「從幻想場景開始打造庭園」

其實只要閒暇之餘，我就會瘋狂投入打造庭園的作業。但店裡的其他工作也很重要，無法放任我全心致力於打造庭園。可能不少人跟我一樣分身乏術，儘管生活再忙碌，也想利用零碎的時間，種植喜歡的花草，慢慢打造出令人感動又賞心悅目的庭園。可是一天就只有二十四小時……該怎麼辦呢？於是我稍微思考了一下自己打造庭園的方式，歸納出循序漸進的步驟。

這就是我打造庭園的步驟！

1. 先從可以改造的小區塊空間著手，
   像拼圖般從「打造小場景開始」。

2. 一點一滴增加美麗的小場景，讓庭園散佈自
   己喜歡的角落。

3. 最後連結各種場景……
   不知不覺便完成了理想中的夢幻庭園。

Making of our garden

場景不大便能輕鬆打造
腦中的點子迅速成真

　　我建議大家「從幻想場景開始打造庭園」是指不
要一開始就想打造整個庭園，先從自己可以掌握的空
間著手。

例如庭園的牆面就是很適合的空間：「先在牆壁前面
種樹，放張椅子當作焦點，再種植藤蔓植物，使其爬
上牆面……」一口氣設計整個庭園和改造庭園，是一
件大工程，但是小空間卻能將腦海中浮現的好點子立
刻執行，種下植物後也能仔細照顧。

畫下想要的庭園形象
將想要的場景具體化

　　腦中浮現關於場景的點子時，先畫下簡單的草
圖。我的設計圖特徵是想到哪裡畫到哪裡，並非完整
的圖面。但是畫著畫著就會找到想要強調的重點和增
加氣氛的要素，可靈活擴大或縮小想要種植的植物範
圍。慢慢整理點子便能發現打造場景所需的主題和關
鍵字。如此一來，只需要致力於園藝工作上。庭園中
出現一個喜歡的場景，腦中自然便會浮現其他場景，
場景之間彼此連結，心目中理想的庭園也隨之成形。

面對一成不變的場景
不要躊躇，馬上動手改造！

　　曾經流行一時的美麗場景，還是會有看膩的一天。不妨依循腦中浮現的新點子進行改造。只要改變一個小場景的擺設，就好似改變房間的小角落一般令人耳目一新。

　　打造新場景或改造場景時，必須重新配置種植的樹木和花草，每次動手改造前都需要一點勇氣與動力來克服許多問題。例如：種在這裡真的好看嗎？長太高大該怎麼辦？面對諸多煩惱時，我會這樣鼓勵自己：植物長太高只要定期修剪至理想的高度即可；種錯位置的灌木和多年生草花也可以利用移植來解決問題。

　　不妨先大膽嘗試，即使失敗也是一種學習的機會，所以照著喜歡的方式，種下喜歡的植物、擺放喜歡的擺飾吧！失敗也能帶來園藝的新體驗，放鬆心情，打造自己喜歡的場景——這就是我打造庭園的心態與方向。

What's Flora黑田園藝

黑田園藝是一間位於市郊的園藝店鋪,最近因為我和員工每天更新的部落格,好像愈來愈多客人透過網路發現我們,並遠道而來。在此向大家介紹一下Flora黑田園藝店的魅力吧!

Flora黑田園藝
琦玉縣琦玉市中央區円阿彌1-3-9
營業時間／9:00～18:30
http://members3.jcom.home.ne.jp/flora/index.html

原為苗圃農家
現今仍有販售部分苗種

　　Flora黑田園藝始於1969年開設的「黑田園藝」。原本是生產花卉的農家,主要提供仙客來與映山紅等品種盆花,而後轉為生產秋海棠、碧冬茄和非洲鳳仙花等花圃用苗種。1985年開始轉型成販售種苗與園藝材料的小型複合式園藝店。

下方是27年前的照片。如同照片所示,將原本的溫室改造成店面。

園藝店出現庭園後
增加了更多苗圃的種類

　　目前常駐的販售品有多年生草花、一年生與兩年生草花、樹木和多肉植物,最近還增加了適合種植於庭園的彩葉植物和草類。商品批發的負責人主要是我弟弟和義,有任何關於植物的問題都可以向他詢問喔!

(上圖)庭園各處都有合植的樣本。(左圖)有時候也會舉辦折扣活動!

Q. Flora黑田園藝庭園的花圃
經常種植什麼樣的花草呢？

A. 春天是藍蠟花、蕾絲花和天竺葵；夏天是鼠尾
草、藿香、金光菊和黃雛菊；秋天是巧克力波斯
菊、大理花和菊花；冬天則種植會捎來春天氣息
的三色堇、櫻草……

Flora黑田園藝的

Q&A

訪客經常提出的疑問

植栽・部落格
黑田健太郎

Q. 健太郎先生打造庭園的靈感
來自何處呢？

A. 我有個朋友常常開放自己設計的庭園供大家觀
賞參觀。雖然平日店裡的工作繁忙，但每逢百
花盛開的五月，我一定會抽空造訪。他展示牆
面的方式、手法、雜貨和植物的搭配方式都十
分值得學習。即是平常沒空見面，我也會參考
瀏覽他設立的部落格，看看他最近又改造了怎
樣的庭園。有時也會參考書籍或雜誌，激發園
藝設計的新點子。

Q. 黑田庭園改造前
是什麼模樣呢？

A. 我三年前開始正式進行庭園改造，之前種
植了約莫八十棵自家栽培的各式杜鵑花。
當初人工一棵一棵地移植所有的杜鵑花，
真的非常辛苦！

Q. Flora黑田園藝
有幾位員工呢？

A. 一共有七名員工！基本上招呼客人、照顧
賣場的苗圃是所有人一同分擔。此外每個
人還有著各自負責的工作。

植物進貨・
DIY
黑田和義

STAFF介紹

種植多肉植物・塗裝
平田澄子

社長・DIY・教室講師
黑田 諭

促銷用POP繪製
井上奏子

展場配置
折田友紀

教室講師・部落格
栄福綾子

掌握四大要素
打造令人神往の
繽紛庭園

想要花木顯得更加耀眼，必須準備能夠襯托它們的舞台。在
Flora黑田園藝的庭園裡，將準備舞台稱為「創造場景」，
同時視為打造時的重點。打造場景時，我們特別重視四種要
素，創造襯托花草的美麗場景。

打造場景時 必須注意四大要素。

我在打造場景時,除了花圃的花草之外,還會注意四種要素。這是我在反覆思考如何打造美麗的場景時所想出來的「公式」。第一點是打造小木屋,製造出視覺的焦點;第二點是鋪設連結焦點的小徑;第三點是種植象徵樹;第四點是打造提升視覺印象的牆面。依循這四個重點就不會失敗,能均衡呈現理想的場景。

打造場景の 五大步驟

STEP 1 畫出腦中的想像, 可視化場景

描繪心中幻想的場景時,加上四大要素。

STEP 2 建造形成焦點的小屋

我負責設計形成焦點的建築物,再由擅長DIY的社長負責實際製作。

設置小木屋打造庭園的焦點

以建築物或令人印象深刻的物件作為焦點,再決定其他原素的大小與位置。

鋪設意境悠揚的小徑

打造連接焦點的小徑,根據鋪設的材質呈現不同的印象。

種植象徵樹

焦點旁邊種植為庭園增添色彩的樹木,建議種植會隨著季節改變外貌或顏色的樹種。

以牆面增添氛圍

形成背景的牆面用於襯托第一項至第三項要素。牆面雖不是搶眼的主角,卻能左右場景的氛圍。

STEP 4 打造連結焦點的小徑

STEP 3 決定花圃的位置

考慮和焦點的平衡,決定花圃的大小與位置,設置緣石和花台。

連接至焦點的小徑可以作成蛇行等形式,不禁令人萬分期待。

STEP 5 種植象徵樹和其他花草

最後的步驟才是種植植栽。從象徵樹開始著手,接下來是灌木、草類、多年生草花和一年生草花。種植時考量整體平衡,打造立體的景觀。

Element 01

「小屋是最棒の焦點。」

Flora黑田園藝的庭園中有各種鄉村風的倉庫或類似公車站的小屋。
無論是作為焦點或襯托花草的背景，只要在場景中放入有味道的小屋，
就能形成懷舊的氣氛。

小屋模式 1 　鄉村風倉庫

斜屋頂的鄉村風倉庫是參考以前在國外書上看到的圖片，加上自己的想法進行改造。利用廢棄的材料和仿舊加工，完成如同在鄉下看到的古老小屋。

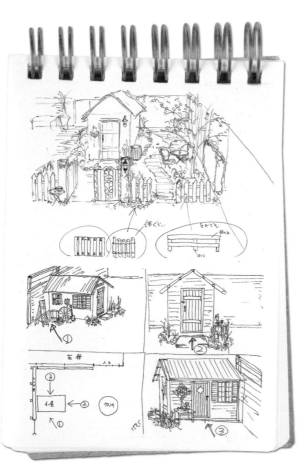

這是剛剛打造完成的小屋，周圍設立了許多小型植栽區，
打造四季都有花草相依的景致。

類似公車站的倉庫

第一次打造的小屋是在入口右邊的公車站造型倉庫。經過社長的DIY巧手之下，呈現和設計一模一樣的成果。

建設小屋的原意是讓購物的客人有休息之處。明亮的白色牆面和遮擋日光的屋簷所造成的陰影形成對比，讓小屋更加顯眼。

Ｆｌｏｒａ黑田園藝的小屋有哪些特點呢？

利用爬藤植物強調縱向線條，讓牆面富有變化。

多一扇小窗就能為庭園帶來故事性，激發訪客的想像力。

小屋牆面同時也是展示雜貨和植物的空間。

利用二手材料打造屋頂和門扇，營造仿舊復古感！

Element 02

「院子裡未入盡頭的小徑，
總是令人充滿期待。」

想要在有限的空間製造出延伸視覺的深度，
就在庭園中鋪設小徑吧！
利用小徑誘導視線，打造激發想像力的場景！

設計小徑的重點

One

蜿蜒的小徑
提升期待的心理

鋪設蜿蜒的小徑，通往焦點小屋。跨過交替鋪設的枕木和草皮，最後視線便會抵達小屋。稍微改變每一塊枕木的角度，隨意地鋪設，讓小徑增添自然風和童話感。

枕木沿著花圃墩座，排成圓弧形，讓人期待小徑盡頭的風景。引人注目的正面花圃請選擇印象搶眼的草類。

Two

小徑轉彎處種植
焦點植物

小徑轉彎的部分種植焦點植物，強調小徑延伸的視覺。凹陷的部分也是採用相同的方式處理。以突出、部分內凹的方式栽種，無論從何種角度欣賞植物都更加立體且充滿塊力。

從左上角照片中的小屋往外看的景象，粉紅色的天使花和紅色的景天交錯點綴。

Three

利用鋪設的材料改變小徑

　　Flora黑田園藝都是活用二手材料或廢棄回收的材料鋪設小徑，例如：老舊的枕木、混凝土板、廢棄的混凝土或磚塊等。各種不同的二手材料，都能用於鋪設小徑。不需另外花錢購買，又能充滿復古韻味，巧妙地與植物自然地融為一體。

改變鋪設的材料，區分各種空間。變更庭園時，也會一同改造小徑。

活用後院的石材，作為花圃擋土的材料。花圃與小徑之間也種植植物，讓分界變得更加自然。

Four

利用石頭或枕木作為小徑與花圃的分界

　　處理小徑與花圃的分界時，採用可以融入兩者的材質。例如：枯木、枕木、形狀不一的石材、擋土或自製腐葉土加上小樹枝鋪設在花圃邊緣等。使用自然的材質，可以使小徑與花圃更有融合感。

F l o r a 黑 田 園 藝 打 造 小 徑 的 各 種 鋪 設 材

甜甜圈形的骨董材料是不經意的點綴

枕木搭配紅磚就很有味道

組合不同的材質，形成如同馬賽克的構圖

點綴帶有色彩的材料，帶來活潑的氣氛

種植一棵象徵樹，
打造景觀的重心。

象徵樹開枝散葉的模樣能讓庭園看起來更加廣闊，
樹蔭也能為夏季的庭園帶來些許涼意。
每次打造庭園的場景時，種下象徵樹可為場景增添深度與味道。

挑選的重點

One 落葉樹因換季改變風貌

建議種植加拿大唐棣和大花四照花等隨季節變化的落葉樹，欣賞庭園每個季節的不同的風情。春天時盛開可愛的花朵；夏季時水潤嫩綠的葉子在陽光下閃閃發光；秋天時葉子轉為絕艷動人的紅色；冬天時則可欣賞枯枝盛雪的景致。

枝枒美麗的樹木 *Two*

橄欖樹、刺槐和櫻花等樹木的枝枒會往橫向擴張，適合作為象徵樹。枝枒美麗的樹木適合搭配建築物和花圃的花草，不僅令人印象深刻，又能融入庭園的景色。

利用象徵樹欣賞一年四季的景致變化

春　巨大的吉野櫻在公車站上方以放射狀伸展枝枒，花季時格外氣勢逼人。

夏　鬱鬱蒼蒼的葉子展開如傘，阻擋夏日落在公車站的炎熱陽光。

秋　原本在頭頂的葉子變紅轉黃，最後紛紛飄零掉落，直至完全覆蓋小徑，將公車站襯托更加風情萬種。

大花四照花楚
楚可憐的白色
小花映襯著晴
朗的藍天

加拿大唐棣紅色的果實
和葉子，在每一個季節
帶來不同的視覺感受

垂絲衛矛是預定之後種
植的象徵用樹木

黃金阿勃勒的
黃色葉子能讓
庭園看起來更
加明亮

黑田園藝庭園的四季
各有不同的象徵樹

以落葉灌木
連結象徵樹
和花圃的花草

種植象徵樹和確定花圃的花草之後，種植落葉灌木以連結象徵樹和花草。種下落葉灌木，再種植花圃的花草。下方照片中的落葉灌木無論是彩葉或葉子轉紅時都十分美麗。只有綠意的庭園顯得單調，這些色彩多變植物能有效地將庭園點綴得繽紛美麗。

落葉灌木的種類

金葉風箱果　　　　　雪球花　　　　　小檗

Element 04

改變牆面便能
使氛圍截然不同。

牆面和欄杆是庭園的背景，外表雖然樸素，
卻是左右整體形象的重要因素，更有阻隔外來視線的作用，
及隱藏四周不想展現的物品，是提升庭園觀感的重要關鍵！

如何設計

V字形欄杆是DIY的成果，大膽的設計為
場景帶來動感。

One 調整場景後，慢慢思考

我認為牆面的設計是最為困難。根據改造經
驗，等到作為焦點小屋、小徑、象徵樹和花圃的
花草都完成後，參考整體情況再設計牆面較不易
出錯。

一定要確保 日照與通風 *Two*

設計牆面一定要注意通風和日曬！Flora黑田園藝的庭園為了通風與日
照，採用隙縫和木板相同寬度的V字形欄杆或廢棄不用的鐵絲網當作欄杆。

黑田園藝庭園的各種牆面

通道側的牆面採用
通風效果良好的鐵
絲網

部分採用白色的欄
杆，襯托花草色澤

以廢棄的蘆葦
簾子作為欄杆，
強調自然風格

花圃的植栽
是加強場景印象的
最重要的Point。

4 Seasons

我最大的堅持是
庭園設計能融入大自然

焦點小屋、小徑、象徵樹和牆面等四大要素設置完成後，利用花草植栽的點綴，柔和材料剛硬的線條，為庭園增添自然風貌。真正動手打造庭園之前，我一邊照顧店裡販售的苗種，讓顧客欣賞種苗的模樣、成長的過程和尺寸；一邊增加自己學習的機會。久而久之，從中找到樂趣及成就，愈來愈想種植更多打動人心的植栽，對於庭園的要求也越來越嚴格，例如：春天種植嬌嫩艷麗的花朵；夏天種植異國風情的花木；秋季種植隨風搖曳的草類；冬天則是滿載霜雪、充滿凋零之美的繁木枯枝。

我所追求的植栽形式很簡單，目標也不曾動搖。簡而言之就是：「讓植物融入自然。」最重要的是，不讓植栽顯得單調。搭配灌木和多年生草花，加上栽培只綻放一季的一年生花木，增添庭園的變化性。我也會在種類上多下一點功夫，例如在單調的花草旁，種植搖曳生姿的花木。本篇將以四季為分類，介紹Flora黑田園藝充滿自然植栽的庭園。

栽種植栽的重點

Step 1 決定庭園中種植的位置時，從高大和有分量的植栽開始。

Step 2 搭配顏色強烈的花草或當季主要的花草。

Step 3 決定可以自然連接步驟1和步驟2花草的植物。

Step 4 選擇能襯托主角植物，凸顯視覺焦點。

Step 5 最後種植適合主角與配角色澤的彩葉類植物，即大功告成。

Spring

使乾枯的庭園瞬間充滿生機
植物舞台有了戲劇性的變化

　　枝葉繁茂的吉野櫻幾乎遮蔽了整個公車站小屋，盛開的櫻花打破冬天的寂寥。從枝頭垂下的木香花，華麗地覆蓋了花架。庭園也因此染上熱鬧的氣息。櫻花散落時，換成花圃開始生氣勃勃。雪球花開始結滿的花苞，落葉樹也冒出幼嫩的新芽，庭園換上新綠的外衣。花圃中的琉璃苣和藍臘花一併盛開，交互輝映、爭奇鬥艷。五月中旬則是攀爬在牆面、花架與小屋的蔓性玫瑰怒放的美好時節。

A　溫暖陽光穿過枝枒，在公車站的長椅上畫下枝葉的剪影。　B　擁有50年以上樹齡的吉野櫻開枝散葉、繁花盛開的模樣，繽紛絢爛。
C　隨著春意漸濃，雪球花也溫柔地點綴著庭園中幽閉的小徑。

Spring gardening　春 天 的 園 藝 工 作

春天其實無須額外增加太多園藝作業，最多就是摘下依序綻放的花朵。因為冬天時，努力打造春天的場景和種植植物，才能如此悠閒地迎接春天！盡情欣賞冬天努力的成果，同時也是店頭忙碌的旺季。我們必須每天陳列和標價新進的苗種，還要打起精神接待客人。而母親節是我們最忙的節日，所有員工都像在庭園和賣場之間穿梭的小蜜蜂呢（笑）！

鄉村風倉庫四周是小花圃。花圃裡種了三色菫和香菫菜，呈現溫暖的自然風格。不過在自然風當中也種植了一些深色的植物，淡化三色菫加香菫菜等於可愛的印象，形成沉穩的氣氛。使這座花圃降低春天甜美飄渺的氣氛，帶有些許成熟刺激的意味。

春季花草的搭配 *Idea*

充滿生命力的花草融化在春天暖和的空氣中，
色彩柔和的花朵搭配細長的草類，
讓花圃呈現繽紛又清爽的清新氣息。

Idea 1

種植大量的葉類植物
襯托主角花卉——三色菫

　　花圃主角通常是品種豐富的三色菫。設置於小屋
墩座的花圃，呈現一片和諧的氛圍。三色菫與香菫菜
採用藍色系，深紫色至水藍色的漸層之美，散發出清
爽的氣息。再利用高大的紫羅蘭和顏色明亮的葉子吸
引視線，營造出寬廣的視覺效果。

Plants List

A 淺紫三色菫	**E** 斑點大花六道木
B 紫藍三色菫	**F** 鳳梨蘭
C 紫羅蘭	**G** 檸檬香桃木
D 全緣貫眾蕨	

搭配花草的關鍵

1. 藍色花朵搭配白色花朵，呈現明亮的印象。
2. 橫向擴張的葉子襯托花朵，顯得自由自在。
3. 藍花×黃葉的對比色搭配，增加色彩變化。

Idea 2

如同悠閒的野外
遍布細長的花草

顏色搭配的靈感源自於散步時看到的自然野生花草。低矮的亮黃色金毛菊種在前方，襯托後方美人櫻和風鈴桔梗等高大的花木。這類有份量的植栽必須注意通風，確保植物維持於清爽的狀態。

搭配花草的三大關鍵

1. 隨風搖曳的小花，顯得十分可愛。
2. 依高度花草排列，展現數大之美。
3. 黃色系和藍色系花草，相互襯托。

Plants List

A 金毛菊
B 藿香薊
C 顯脈馬鞭草
D 黑種草
E 風鈴桔梗
F 彩鐘花
G 紫葉風箱果（Luteus）
H 毛地黃（Dubia）
I 藍蠟花（Purpurascens）

點綴Flora黑田園藝的春季植物

雪球花
Viburnum plicatum 'Karm's Pink'
忍冬科　落葉灌木
花期：4至5月中旬　高度：2.5至3.5m

花朵從深粉紅色慢慢轉變成淡粉紅色，散發獨特氛圍。耐熱也耐寒，性喜日照。

羽扇豆
Lupinus
豆科　二年生草本植物
花期：3至6月　高度：40cm至1.2m

特徵是擁有如同藤花一般倒長的花穗，花多色彩豐富，有紅色、粉紅色、藍色、紫色、黃色和橘色等。另有矮小的品種。

玫瑰
Rosa 'Happy Trails'
玫瑰科　落葉灌木
花期：四季開花　高度：約30cm

花色鮮豔、一球一球綻放的迷你玫瑰。花朵雖然迷你，開花時的數量卻能多到覆蓋整棵植株！

馬丁尼大戟
Euphorbia × martinii
大戟科　多年生草本植物
花期：3至7月　高度：50至80cm

酒紅色的植株搭配綠色的花苞，形成獨特的對比。蓬勃生長的單棵植株也十分壯觀。

矢車菊
Centaurea
菊科　多年生草本植物
花期：5至8月　高度：35cm至1m

藍色與粉紅色的花朵恣意綻放。性喜涼爽、日照充足且排水良好的生長環境。若能符合生長條件，平時只要摘去枯萎的花朵，無須特別費心照顧。

歐洲雪球
Viburnum opulus 'Snow Ball'
忍冬科　落葉灌木
花期：5至6月　高度：2.5至3.5m

球形的團花在枝枒頂端盛開，純白的花朵顯得清純可愛，垂頭的重量彷彿雪要從枝頭墜落。

珍珠排香
Lysimachia atropurpurea 'Beaujolais'
報春花科　多年生草本植物
花期：4至7月　高度：30至60cm

酒紅色的帥氣花朵就算枯萎切除，還是會繼續盛開。耐寒，但不耐乾燥，需注意濕度。

緋苞木
Euphorbia characias 'Silver Swan'
大戟科　多年生草本植物
花期：3至5月　高度：40至60cm

最適合種植於擺設石頭的花園與作盆栽，銀色的葉子和葉子邊緣清晰的白色斑點形成獨特的對比。不耐潮濕。

花毛茛
Ranunculus repens 'Gold Coin'
毛茛科　多年生草本植物
花期：4至5月　高度：約40cm

帶有光澤的重瓣小花開滿整面庭園，延伸的匍匐莖，能形成廣闊強韌的植被。

叢生花珍珠
Lysimachia congestiflora 'Midnight Sun'
報春花科　多年生草本植物
花期：5至6月　高度：10至15cm

擁有古銅色的小型葉子，在地面上匍匐
生長，很適合作為植被。花朵呈黃色星
形，一點一點的小星星在地上匍匐綻
放。

雪球花
Viburnum macrocephalum 'Sterile'
忍冬科　落葉灌木
花期：4至5月　2.5至3m

花朵起初是綠色，綻放過程中轉為純
白。強健耐質，栽培容易。請種植於日
照處或半日照處。

豌豆花
Lathyrus odoratus 'Cupid'
豆科　一年生草本植物
花期：4至6月　高度：10至20cm

甜美優雅的香氣和蝴蝶般可愛花瓣，是
景觀植物界的超人氣植物。橫向生長的
匍匐植物，寬度大約50公分。

長蔓鼠尾草
Veronica
玄參科　多年生草本植物
花期：5至8月　高度：25至80cm

長蔓鼠尾草的品種繁多，各品種的花穗
皆為10公分至20公分。花色有藍色、
紫色、粉紅色與紅色等。種植環境不得
過度潮濕！

蕾絲花
Orlaya grandiflora
傘形科　一年生草本植物
花期：4至7月　高度：約75cm

花瓣如同蕾絲一般細緻，適合用於襯托
其他植物。強健耐植，散落在地上的種
子也能順利繁衍。

羊耳石蠶
Stachys byzantiena
唇形科　多年生草本植物
花期：5至7月　高度：30至80cm

銀色柔軟的葉片為其特徵，耐寒卻不耐
夏季的高溫潮濕，必須注意通風。

紫羅蘭
Matthiola incana
十字花科　一年生草本植物
花期：3至5月　高度：25至80cm

香氣甜美，華麗的花朵聚集為球狀。花
瓣分為單瓣與重瓣，花色繁多。種植於
庭園時，建議挑選矮小的品種。

藍蠟花
Cerinthe major 'Purpurescens'
紫草科　一年生草本植物
花期：3至6月　高度：20至40cm

吊鐘形的紫色花朵，帶有美麗的光澤。
葉子為藍灰色底帶有白色斑點，也十分
獨特具觀賞性。

三色堇・香堇菜
Viola spp.
堇菜科　一年生草本植物
花期：11至5月　高度：20至30cm

易結花苞且花色眾多，是花圃由冬季至
春季不可或缺的花種。香堇菜的花朵較
小，但花苞數多。

小屋前的花圃以「帶有懷舊氣息的鄉村風花園」為主題，種植多年生草花、一年生草花、草類和果樹。由前而後分別是古銅色葉子的景天植物、淡紫色的貓薄荷、水藍色的琉璃唐棉、白色的珊瑚花、淡綠色的緋苞木和後方的三角紫葉酢漿草。

到了五月，吉野櫻的綠葉益發茂密。涼風徐徐時，腳邊的樹蔭也會隨之搖曳。吉野櫻在兩棟小屋之間，伸展的枝葉有如遮陽板，溫柔地抵擋日光，樹蔭下適合種植聖誕玫瑰等日照需求不強的植物。

在辛勤地看照下
花木植物蓬勃生長

　　覆蓋紅磚牆的爬牆虎和綠葉茂密的柿子樹帶來滿眼的清涼。花圃的草花進入夏季後，生長力旺盛。原有的花草加上熱帶氣息的美人蕉，搭配耐熱的天使花、緋苞木和鼠尾草，打造不畏暑熱的花圃。店頭擺放了鼠尾草、皇帝菊和藿香薊等。為了防止新生花苗生長過快，在頂端覆蓋薄紗棉布以遮蔽日光。如此一來，原本一天需要澆好幾次水，現在只需要澆一次水。

A　B　C　D

A 在沉穩的白色繡球花背後種植形成對比的高大植物，如美人蕉或蜀葵，為花圃帶來深度感。　**B** 牛皮菜和迷你蕃茄等富含維他命的蔬菜盆栽形成充滿活力的角落。　**C** 朝鮮薊的花朵如同雕刻，帶給空間焦點。　**D** 開花的三角紫葉酢漿草則成為小徑轉角的視覺重點。

Summer gardening　夏季的園藝工作

　　夏季的主要工作是修剪不斷生長的植物，尤其是圍籬邊花圃裡生長迅速的葉類植物，每三個禮拜就要修剪一次。有時也會在八月底一口氣剪去四處叢生的植栽，可讓秋天再度綻放美麗的花朵。夏天同時也是容易受到蟲害的季節，必須用藥以預防毛蟲侵害。更要加強防曬的工作，我們會利用遮陽傘和蘆葦簾子遮蔽烈日，降低白天的溫度。

為了襯托粉紅色的長蔓鼠尾草、鼠尾草和羊耳石蠶，搭配了各式各樣的植物，例如：有斑點的馬丁尼大戟、有斑點的小野芝麻和紫露草等。小茴香和撫子花等顏色沉穩的花草則可以降低過於甜美的氣息，帶來成熟感。

這個角落充滿豐富又獨特的綠意。匍匐於地上的檸檬黃的黃金丸葉萬年草和葉子呈現鋸齒狀的普刺特草，兩者的綠色葉脈清晰可見。好像撒上了砂糖般的心葉牛舌草則與葉子充滿個性的源氏菫，相互襯托。

夏季花草的搭配 *Idea*

樣貌可愛的花朵襯托顏色鮮豔的花朵，再搭配上清爽的葉子，只要下點工夫即可讓庭園顯得生氣勃勃。種植前請考量夏季是植物生長迅速的季節，慎選植栽。

Idea 1

粉紅和銀色融成一片
形成令人心動的植栽

　　有一個小祕訣可以讓粉紅色的花朵顯得更可愛，那就是搭配羊耳石蠶等銀色葉子的葉類植物。銀色葉子可以襯托粉紅色的嬌豔，並能為花圃帶來清爽的氣息。想要增加植栽時，必須注意植栽的大小與高度。小型花草必須在同一處種植三株，才能與其他植物形成平衡，免於被淹沒在大型的多年生草木植物當中。隨意配置高度不同的植物，以高低差製造景深，也是植栽配置的一大重點。

Plants List

- A 長蔓鼠尾草
- B 天使花
- C 長蔓鼠尾草
- D 羊耳石蠶
- E 黑種草
- F 馬丁尼大戟

搭配花草的三項關鍵

1. 銀色與粉紅色非常搭配。
2. 大型多年生草本植物配置三株新苗。
3. 隨意配置高度不同的植物。

Idea 2

寂寞的橄欖樹下方
種植明亮的草類增加變化

　　橄欖樹是這個角落的象徵樹，樹陰下為了消弭寂寥感而種植了多種顏色明亮的植物，形成一小片令人印象深刻的植栽。因為通風良好，種植了擁有夢幻花穗的芒穎大麥草作為點綴。每逢涼風襲來，花穗便會隨風搖曳，散發出絲絲銀白的光芒，十分惹人憐愛。模仿野外小徑，將黃金風知草植於突出小徑的位置，呈現自然柔和的風情。

Plants List

A 芒穎大麥草
B 黃金風知草
C 矢車菊
D 斗蓬草
E 花菱草

搭配花草的三項關鍵

1. 欣賞隨風搖曳的草類之美 。
2. 象徵樹下方種植顏色明亮的植物，增添變化。
3. 植物突出小徑，展現自然風貌。

點綴Flora黑田園藝的夏季植物

松蟲草
Scabiosa
川續斷科　一年生‧多年生草本植物
花期：5至10月　高度：30cm至1m

軟蓬蓬的花朵充滿野趣，耐寒但不耐夏季的悶熱，梅雨季節後必須注意通風。

紫錐菊
Echinacea
菊科　多年生草本植物
花期：6至9月　高度：70cm至1m

強健耐植，每年都能綻放許多花朵。頻繁地摘下損傷的花朵，較容易重新開花，花朵也會接續綻放。

朝鮮薊
Artichoke
菊科　多年生草本植物
花期：6至8月　高度：1.5至2m

葉子充滿銳利的刺，植物整體的形狀宛如雕刻。初夏時，會綻放直徑15公分的花朵。花苞可食用。

圓錐繡球
Hydrangea paniculata 'Limelight'
繡球花科　落葉灌木
花期：7至9月　高度：1.2至1.8m

花朵剛開始是奶油色，而後逐漸轉為淡綠色。一年之內可以盛開數次，可種植於作為觀賞場景的位置。

三角紫葉酢漿草
Oxalis triangularis
酢漿草科　球根植物
花期：6至10月　高度：　5至30cm

三角形的葉子十分特殊。惹人憐愛的粉紅色花朵及沉穩的紫色葉子為花圃帶來色彩上的焦點。強健耐植，容易繁殖。

繡球花
Hydrangea arborescens 'Anaabelle'
繡球花科　落葉灌木
花期：6至7月　高度：約1.5m

直立纖細的花莖頂端綻放著純白色球狀花朵。純白的花色會隨時間逐漸轉變為淡綠色。

牛至
Origanum 'Kent Beauty'
唇形科　多年生草本植物
花期：6至7月　高度：10至15cm

觀賞用的牛至，花萼形狀特殊，在日本又稱為「花牛至」。生長期緩慢。開花後，經修剪會再度開花。

藍飾帶花
Trachymene caerulea
傘形科　一年生草本植物
花期：6至7月　高度：50至80cm

由眾多小花群聚而成的圓形花序，花色有淡藍紫色、粉紅色和白色。隨風搖曳的模樣充滿魅力。栽種時，請特別避免讓植栽傾倒。

巧克力景天
Sedum Candy 'Chocolate Drop'
景天科　多年生草本植物
花期：7至10月　高度：30至50cm

景天科多肉植物，葉子的顏色類似深紫紅色的巧克力；會綻放許多小花，花色介於深紫紅色與粉紅色之間。

大花天人菊
Gaillardia
菊科　一年生草本植物‧多年生草本植物
花期：6至10月　高度：30至90cm

綻放著橘色、黃色或紅色的大型花朵。
除了單瓣之外，也有重瓣品種，花瓣形
狀也依品種而有所不同。

美人蕉
Canna indica hybrid
美人蕉科　球根植物
花期：7至10月　高度：40cm至1.6m

鮮豔的花朵盛開於大型的葉片中。許多
品種的葉色十分美麗，色澤也多采多
姿，例如：紅色、黃色的條紋、白點、
古銅色……

檸檬香桃木
Backhousia citriodora
桃金孃科　常綠灌木
花期：6月　高度：1至3m

葉子香氣芬芳，盛開奶油色的小花。生
長快速，若不希望植株尺寸過大，必須
大幅修剪。

天使花
Angelonia
玄參科　多年草
花期：5至10月　高度：25至60cm

藍紫色、粉紅色或白色的花朵群聚而成
花穗，深綠色的葉子形狀細長。從根部
分株，會自然地形成一體。

蔦蘿
Ipomoea quamoclit
旋花科　蔓性一年生草本植物
花期：6至9月　高度：1至3m

星狀的花朵大量綻放，葉子的切口深，
如同羽毛。花色有紅色、白色與黃色
等。生長力旺盛，強健耐植。

金雞菊
Coreopsis
菊科　一年生草本植物‧多年生草本植物
花期：5至9月　高度：30至90cm

類似波斯菊，綻放黃色和紅褐色的花
朵。品種分為單瓣與重瓣。生長高度與
花朵大小依品種而有所不同。

射干菖蒲
Crocosmia
鳶尾科　球根植物
花期：7至9月　高度：60cm至1m

細長的葉子間長花莖，花莖上可綻放約
二十朵花朵，為場景增添縱向線條時的
好選擇。

圓錐鐵線蓮
Clematis terniflora
毛茛科　蔓性多年生草本植物
花期：8至9月　高度：3至4m

原產於日本，是Flammula屬的鐵線
蓮。生長旺盛，強健耐植。白色的十字
形花會開滿整條爬藤。

夕霧草
Trachelium caeruleum
桔梗科　一年生‧多年生草本植物
花期：6至9月　高度：30cm至1m

花朵中心是針狀的細長雌蕊，綻放紫
色、白色與粉紅色等花朵。朝橫向擴張
的花朵為植栽帶來沉穩感。

公車站型小屋旁種植了許多繡球花和圓錐繡球。兩種繡球花綻放初期都是純淨的白色，綻放過程中逐漸轉變為淡綠色，可與附近的植物融為一體。長年經風吹雨淋而變得更有味道的枕木搭配好像原本就佇立於此的生鏽碾米機，使場景更有深度，襯得繡球花更顯生氣。

美人蕉是夏天的代表性植物。雖然是以前就熟知的植物，有人擔心種了美人蕉會讓庭園顯得土氣。Flora黑田園藝反而是在花圃最顯眼之處種下美人蕉。充滿爆發力的姿態與高度，為視覺拔高縱向的線條，也能有效提升焦點小屋的氛圍。顏色沉穩的葉子充滿魅力，在日照下閃耀動人。

上／庭園後方的公車站型小屋旁邊是半日照處的花圃，上方巨大的吉野櫻，擋住日光。因此於下方種植日照需求不高的植物。雖然花朵並不多，利用蕨類植物與常綠植被打造自然風的植栽。穿過吉野櫻的日光在葉片剪影下形成各種圖案，讓夏日午後無比清爽。即使不在花期，也具備欣賞價值。下／Flora黑田園藝的庭園中各處都設置有公車站型小屋，不僅是庭園中的焦點，也是讓訪客駐足小憩之處。雖然我們希望訪客能多多欣賞庭園的植栽，不過夏天長時間在戶外活動容易中暑，可適時躲進小屋，躲避日光，愜意地欣賞庭園。

Autumn

花草的顏色隨著氣溫變化而愈發豔麗

秋天和春天一樣，都是園藝的旺季！店面充滿活力，員工們也充滿幹勁。而庭園裡的植物也隨著秋意漸濃，逐漸轉變成溫暖的紅色或橘色，顏色越來越明豔動人。身為象徵樹的吉野櫻等庭園中的大型樹木，葉子也開始變色。隨著氣溫變化，庭園的景象一口氣轉變為秋日風情。紅葉片片飄落，腳邊是一整片紅色與黃色的地毯。紅葉美麗的景色打動人心，不過我也很喜歡秋風吹過乾燥草類的景象。

A 小徑兩旁的草類植物隨風搖曳，令人感動。　B 萬聖節時，我會在小屋牆邊放置許多南瓜。　C 鳥籠旁邊加上栗子殼，為牆面增添秋季風情。

Autumn gardening 秋天的園藝工作

夏季尾聲剪去的花草會在秋季重新生長，再次綻放。此時最重要的工作是種植球根植物。一邊幻想春天的情景，一邊滿懷期盼地種植，持續勤奮地除草，不可輕忽。如果花草和灌木過於茂盛，必須修剪並保持通風。夏季氣候炎熱而枯萎的花圃，再次因巧克力波斯菊、大理花和菊花等秋季花朵的綻放而熱鬧起來。

利用大量的植物展現寧靜的秋日午後，由暖色系帶來的視覺熱情，例如：珊瑚珠、變色的花葉地錦、蔓越莓和有斑點的大花六道木等。蓼類線條纖細的植物搭配一樣纖細的葉類植物或結果植物，構成充滿搖曳風情的盆栽。變紅的葉子、垂下的果實等充滿秋季風情的季節感植物，最適合種植在盆栽的正面。

秋季花草的搭配 *Idea*

Idea 1

夕陽下如同水果糖般
閃耀的美人蕉和大理花

升高花床裡種植著條紋葉子的美人蕉和粉紅色、黃色大理花。在夕陽下閃閃發光，一如透明的水果糖。線條纖細的鼠尾草連接大型植物，為植栽帶來厚度。隨著秋意漸濃，大型植物逐漸凋零，四周的鼠尾草、忍冬和紫莖澤蘭漸漸展露頭角。

搭配花草的三大關鍵

1. 線條纖細的植物串連空間
2. 美人蕉寬闊的葉子統一整體與提昇亮度
3. 挑選容易與秋季氣氛同化的暖色系花朵

Plants List

A 大理花	**E** 墨西哥鼠尾草
B 朱唇	**F** 藤袴
C 紫葉狼尾草	**G** 黃金葉
D 美人蕉	**H** 斑點婆

Idea 2

波斯菊隨風搖曳
呈現懷舊景象

　　小屋入口的小花圃裡種植了象徵秋季的波斯菊，提供訪客欣賞。增添深粉紅色、白色與花瓣邊緣顏色不同的花朵，為花圃帶來輕盈的氣息。花圃底部種植常綠的黃金葉和鬼針草，以蓬鬆的葉子與花朵遮掩花圃，帶來溫柔的氣息。充滿風情的枕木與蕨類自然地披覆著土壤。

:❀:❀:❀:❀:❀:❀:❀:

Plants List

:❀:❀:❀:❀:❀:❀:❀:

A 波斯菊
B 鬼針草
C 黃金葉
D 蕨類植物
E 頭花蓼
F 黃水枝

搭配花草的三大關鍵

1. 種植菊科植物，樸素又可愛
2. 以漂流木代替擋土板，更顯自然
3. 植被挑選充滿生命力的小型植物

點綴Flora黑田園藝的**秋季植物**

鼠尾草
Salvia 'Indigo spire'
唇形科　多年生草本植物
花期：5至11月　高度：50cm至1.5m

花朵形狀類似薰衣草，因此又稱為薰衣鼠尾草。花期長，可以從夏天開至晚秋。

帚石楠
Calluna vulgaris
杜鵑花科　常綠灌木
花期：6至9月　高度：20至80cm

可綻放大量的粉紅色與白色小花。不耐熱，建議盛夏時，移至屋簷下等半日照處，秋天至春天則放置於日照處。

大理花
Dahlia
菊科　球根植物
花期：7至10月　高度：20cm至2m

美麗的花朵可由初夏綻放至秋季。不耐熱，盛夏時花朵數量會減少。花形眾多，有單瓣、重瓣和球狀等。

朱唇
Salvia coccinea
唇形科　一年生草本植物（多年生）
花期：5至11月　高度：25至50cm

強壯耐寒，花色繁多。除了常見的紅色之外，尚有粉紅色和白色等。一次種植多棵，觀賞價值更高。

羽衣甘藍
Brassica oleracea var. acephala
十字花科　二年生草本植物
收穫期：7至9月　高度：20至30cm

為不結球高麗菜的近親，葉子具備高度營養價值，可食用。具觀賞價值，活躍於園藝。

貓腥菊
Eupatorium coelestinum
菊科　多年生草本植物
花期：7至10月　高度：50cm至1m

細長的枝幹上開滿類似藿香薊的花朵。不耐潮濕，性喜日照充足、排水良好的環境。容易繁殖。

紫葉狼尾草
Pennisetum setaceum 'Rubrum'
禾本科　多年生草本植物
花期：7至10月（結穗）　高度：約1.5m

不耐寒的觀賞用草類植物，葉子為古銅色。庭園裡只要有了它就會變得很時髦！

大理花（黑蝶）
Dahlia 'Kokucho'
菊科　球根植物
花期：6至10月　高度：1至1.5m

花朵巨大，直徑約15公分，且花色為沉穩的深紅黑色，非常適合作為庭園的主角。請種植於日照充足、排水良好的環境。

萬壽菊
Tagetes
菊科　一年生草本植物
花期：6至10月　高度：20cm至1m

花色多為暖色系，例如：黃色、橘色和紅色等。法國種的植株較小；非洲種的植株比較大。

波斯菊
Cosmos bipinnatus
菊科　一年生草本植物
花期：7至11月　高度：40cm至1.5m

花色多為白色、紅色與粉紅色等。常見品種為單瓣花，最近也出現了重瓣品種。清新樸素的模樣，令人心曠神怡。

墨西哥鼠尾草
Salvia leucantha
唇形科　多年生草本植物
花期：8至11月　高度：30cm至1m

植株整體覆蓋宛如天鵝絨的細毛，花色為紅紫色或紫色。因為花朵可以一直綻放至下霜，觀賞時期長。

金雞菊
Heliopsis 'Loreine Sunshine'
菊科　多年生草本植物
花期：7至9月　高度：50cm至1m

葉片上有網狀的斑點，花期長，花朵呈金黃色。是為庭園增添華麗氣息的好選擇。耐寒耐熱，強健耐植。

秋菊
Chrysanthemum spp.
菊科　多年生草本植物
花期：9至11月　高度：30cm至1m

植株上開滿花朵。由於植株內部容易悶熱，夏天必須稍微修剪枝葉，保持通風。

日本紫珠
Callicarpa japonica
馬鞭草科　落葉灌木　結果期：10至11月
花期：7至8月　高度：50cm至2m

紫色的果實帶有光澤，十分美麗。初夏會綻放許多淡紫色的小花，群聚成團。花朵和果實不僅出現在枝頭，也會出現在枝節上。

雞冠花
Celosia
莧科　一年生草本植物
花期：7至10月　高度：20cm至1.5m

如同火焰一般耀眼的花色，為秋天的花圃帶來搶眼的色彩，是從古至今都備受喜愛的花種。花色多為暖色系，例如：紅色、黃色與深粉紅色。

山桃草
Gaura lindheimeri
柳葉菜科　多年生草本植物
花期：5至10月　高度：60cm至1.5m

花形如同翩翩飛舞的白蝴蝶。花期長，可從初夏綻放至初冬。強健耐植，隨處散落的種子也能容易冒芽生長。

地膚
Kochia scoparia
藜科　一年生草本植物　紅葉期：10至11月
綠葉期：6至10月　花期：8月　高度：40cm至1m

花朵小，是一種外觀如同針葉般的草類植物。晚秋時完全變紅的模樣，十分耐人尋味；尚未變紅的亮綠色葉子也很嬌俏可愛。

鬼針草
Bidens laevis
菊科　多年生草本植物
花期：6至12月　高度：80cm至1m

色澤淡雅的嬌嫩小花可綻放至初冬。日照不足時不易開花，必須多加留心。地下莖生長迅速。

上／連接公車站型小屋與鄉村風倉庫的小徑兩旁，種植了擁有沉穩葉色的紫葉風箱果和逐漸轉紅的過路黃，兩者的顏色形成強烈對比。紫葉風箱果的下方擺飾了骨董油罐。灌木和植被之間，以高度恰到好處的植物連結雖然是不錯作法，但圖中利用有味道的擺飾連結兩者也是一種活用方法。顏色不會過於濃豔的綠意自然融入花圃。下／鄉村風倉庫擺飾了牆面，為顏色逐漸消失的季節點綴色彩。

右／大理花（黑蝶）絕對是主角等級的花草。儘管氣勢與生命力都隨著季節流逝，依然展現過人的高雅氣質。細長的莖頂端綻放著巨大的花朵，在秋季的天空畫出清晰的輪廓，彷彿即將展翅飛舞的蝴蝶。美人蕉的黃色與綠色條紋葉子和朱唇則扮演了稱職的配角，秋天的花圃也在此謝幕。

Winter

鳥叫聲響遍庭園，
欣賞植物直立枯萎的模樣

　　無論是庭園裡還是店面都門可羅雀的季節，雖然顯得寂寥，但紅艷的聖誕玫瑰為庭園點綴色彩。升高花床裡的植物直立枯萎的模樣很值得一看。芳香萬壽菊、紫顏過了充滿生命力的季節之後，以原本的姿態在庭園中枯萎。早上可以觀察滿覆霜雪的植物。葉牡丹在霜雪包覆下依然可以維持完美的形狀，令人不禁按下快門，留下眼前美麗的姿態。下雪之後的庭園，彷彿是另一個世界，美麗冬景也值得佇足一賞。

A

B

C

Winter gardening 冬天的園藝工作

　　冬天必須修剪&調整樹木與玫瑰的方向、多年生花草進行分株、為欄杆換上新漆等。接下來則是打造幻想理想中的場景，除了修建小屋、整頓花圃、鋪設小徑之外，此時節也適合移植樹木。在乾冷的冬季，不小心切了根，也不會損傷植物，最適合移植。或許冬天才是打造庭園的最佳時機也說不定喔！

🅐 下雪的早晨可以一邊剷雪，一邊堆雪人。此時我會開始思考春天的庭園計畫。　🅑 利用冬天打造&調整場景。　🅒 早上觀察下霜和結冰的狀態，思考昨晚植物受到何種損害，並想出良好的照顧對策。

說到冬天庭園的主角，第一個想到的就是聖誕玫瑰。由於聖誕玫瑰是常綠植物，充滿生命力的葉子，在夏季時也能為庭園添加一抹綠意。

鄉村風的倉庫在下雪的日子也充滿魅力，積雪覆蓋的屋頂和花圃很有味道。

冬季花草的搭配 *Idea*

冬季是園藝的淡季，主要活動為欣賞升高花床的花圃植物，植莖蕭颯直立的模樣有著風骨之姿。於二月時，一口氣修剪&挖掉枯萎的植栽，為了迎接春天的到來，而提早作好準備。

Plants List

A 美人蕉
B 紫葉狼尾草
C 粉萼鼠尾草
D 芥菜
E 小檗
F 朱唇
G 紫葉風箱果
H 薹草

寂寥？頹敗？
充滿鬱色氛圍的冬景也很耐人尋味

　　小徑兩側的花草從春天至秋天都充滿活力，但到了冬天卻紛紛凋零。紫葉風箱果和美人蕉等高大的植物也不敵寒氣而呈現枯萎之貌，但轉變為紅褐色的葉子，反而令人印象深刻。種植於樹下的一串紅和薹草連結了大型的樹木和下方的植被。儘管景緻間帶有一抹憂傷氣息，卻意外地令人感到一片幽靜與祥和。

搭配花草的三項關鍵

1. 草類為冬季的庭園帶來深度。
2. 點綴小檗等古銅葉色的植物。
3. 保留小徑的落葉，氣氛更佳。

Idea 2

搭配花草的三大關鍵

1. 種植充滿野趣和透明感的草類。
2. 軟蓬蓬的花在褪色後更有情調。
3. 種植高大的草木,展現立體感。

Plants List

A 紫羅蘭
B 石菖蒲
C 緋苞木
D 雪球花

褪色的花草
散發出沉穩的古典之美

　　一般會在初冬種植春天會開花的品種,但紫羅蘭在二月時會完全褪色,彷彿隨著時間洗盡鉛華,而更有味道的古董。我很喜歡這種氛圍的花圃,與仿舊的雜貨十分相稱。以二手老舊材料搭蓋的小屋牆面為畫布,將華麗花朵擺飾出平日裡難得一見的模樣。

點綴Flora黑田園藝的冬季植物

點亮冬季寂寥庭園的花草

球核莢蒾
Viburnum tinus
忍冬科　常綠灌木
花期：4至5月　高度：1m至1.8m

花苞為粉紅色，開花之後會逐漸
轉為白色。秋天的果實為美麗的
深藍色。常用於合植等花藝。

聖誕玫瑰
Helleborus
毛茛科　多年生草本植物
花期：12至4月　高度：30至60cm

花期長，綻放楚楚可憐的花朵，
是冬季庭園重要的花種。冬季種
植於日照處，夏季則須種植於半
日照處。常綠的葉子為具魅力之
一。

銀葉菊
Senecio cineraria
菊科　多年生草本植物　葉子全年不謝
花期：6至7月　高度：25至50cm

特徵是葉子上的缺口和白毛，葉
片顏色為銀色。綻放樸素的黃色
花朵，然而開花會導致植株變得
虛弱，如果想要欣賞葉子就把花
摘掉。

葉牡丹
Brassica oleracea
十字花科　一年生草本植物
葉 11至3月　高度：20至80cm

冬天可以欣賞白色、粉紅色和紫
色等色彩鮮豔的葉子。種類豐
富，亦有莖會抽長的品種、迷你
品種和帶有光澤的品種等。

小茴香
Foeniculum vulgare
傘形科　一年生草本植物
花期：6至8月 高度：80cm至2m

細長的葉子如同羽毛一般張開，莖的頂
端是傘狀的黃色小花。秋天會結出長橢
圓形的扁平種子。

花木直挺枯萎的姿態之美

段菊
Caryopteris incana
菊科　多年生草本植物
花期：6至10月　高度：40至80cm

細長的花莖層層綻放花朵，花色有藍
色、粉紅色與白色等。葉片與莖上長有
細毛，看起來像是灰綠色。

珊瑚珠
Rivina humilis
商陸科　多年生草本植物
花期：7至8月　9至10月　高度：約45cm

綻放大量白色小花，花謝之後枝頭出現帶有光澤的紅色果實。不耐寒，冬季必須採取防寒措施。

大吳風草
Farfugium japonicum
菊科　多年生草本植物
花期：10至12月　高度：10至50cm

耐日陰，可以種植於庭園的樹下。帶有光澤的常綠葉片顏色和形狀豐富，例如葉片上帶有黃色、白色的條紋，或邊緣為波浪狀。

大理花
Dahlia
菊科　球根植物
花期：7至10月　高度：20cm至2m

花色、開花方式和花的姿態種類都相當豐富。花期由初夏到秋季，但是盛夏綻放的花朵數量較少，且不耐潮濕。

紫顏
Sedum 'Purple Face'
景天科　多年生草本植物
花期：7至10月　高度：40cm至70cm

由桃紅色的小花群聚，形成隆起的花序。厚實的蛋形葉子表面覆蓋白色粉末，粉粉的淡綠色相當柔和美麗。

糙葉美人櫻
Verbena rigida
馬鞭草科　多年生草本植物
花期：5至10月　高度：30至60cm

花朵為淡紫紅色的小花，葉子扁平細長如同鋸子。耐寒強壯。根部由地下莖延伸，容易繁殖。

朱唇
Salvia coccinea
唇形科　一年生草本植物
（多年生）花期：5至11月　高度：25至50cm

花色多樣，除了常見的紅色之外，還有粉紅色和白色等。雖然不耐寒，但是掉落的種子有時會在隔年發芽。

芳香萬壽菊
Tagetes lemmonii
菊科　多年生草本植物
花期：9至12月　高度：50cm至1m

葉子帶有檸檬香氣，分枝多而形成大型植株。秋天會綻放數量不多黃色花朵，隨風搖曳的模樣惹人憐愛。

紫錐菊
Echinacea purpurea
菊科　多年生草本植物
花期：6至9月　高度：70cm至1m

花朵中央隆起，花形特殊。花色繁多，有粉紅色、白色與黃色等。種子的形狀也很特別。

貓腥菊
Eupatorium coelestinum
菊科　多年生草本植物
花期：7至10月　高度：50cm至1m

分枝多，開花數也很多。地下莖很容易繁殖，朝橫向生長。請種植於日照充足、排水良好之處。

早晨是欣賞庭園冬景的好時光。雖不像春夏般被許多冶麗的花朵環繞，但看到草木在寒風中展露風情或沾滿銀白霜雪，也別有一番趣味。有時冬季玩賞植物的時間會比溫暖的季節還長呢！或許不是每天都能看到如圖一般美麗的結霜，但是偶然間的神來一筆，更令人驚喜。

植物凋零的模樣就只有在冬天才看得到。不僅是結霜時點綴的美麗，花圃中的植物在枝葉完全乾枯後，滿身白雪的景象就像是藝術品。傍晚時分的庭園還可以欣賞到枯萎枝葉纖細的身影交錯。唯有全年開花的玫瑰花一枝獨秀，仍散發著旺盛的生命力，在黃昏的餘暉下，格外耀眼。日落時分，懷舊的光影灑落在枯黃的枝枒，將庭園的美景照耀得如夢似幻。

種植庭園花草時
需特別注意的 *9 Method*

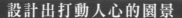

打造繪本風植栽

挑選花草的 *6 Method*

1. 將不同種類的花草，依色系種植

種植大量的同為白色花草，營造有如雪白地毯般的景緻。再利用高度與形狀作出變化，又如統一種植葉子顏色為綠色與銀色的植物，可以打造單一色系卻搶眼的美麗場景。

2. 活用顏色所代表的溫度，營造氣氛

深藍色、藍色與水藍色等藍色系可帶來清涼感。如果想要打造異國風情，可挑選深紅色、紅色、橘色或古銅等紅色系。活用顏色所帶來的視覺感受，打造令人印象深刻的庭園。

3. 種植對比色系植栽，營造富有變化的熱鬧感

例如：紫色搭配黃色，呈現充滿變化的景象；藍色搭配橘色也有相同效果！葉子則可以綠葉搭配檸檬黃的葉子，相互襯托。

4. 打造同一色系的漸層，注意顏色濃淡

挑選同一色系，可作出深淺漸層效果的花草，整體統一又不失變化，搭配顏色時也較容易下手，是初學者不失敗的好選擇。

5. 樹木下方種植樸素又充滿活力的植栽

花圃、綠籬的角落或花草四周，我一定會加上麥冬、黑龍、薹草等葉子細長、蓬勃生長的植物。剛種完草花時，總覺得有些不安。這種時候加入這些葉類植栽，便能讓場景顯得更加自然。這類的草類植物似乎隨處可見，因此能讓庭園的小徑搖身一變成為森林中的小路，或是讓庭園看起來像是鄉下的奶奶家。庭園因而充滿野趣，真是令人不可思議。

6. 運用枝枒特殊的灌木營造動感

小檗和Eremophila等枝枒有些張牙舞爪又有趣的灌木適合種植於單調之處，為空間帶來躍動感，使得場景更顯自然。

打造自然植栽
種植花草的 *3 Method*

1. 同一處種植三棵花草，增加份量

若花圃空間足夠，建議同一處一次種植三棵植株。如果隔壁是灌木或可以過冬的多年生草本植物，只種一棵失去畫面的平衡感。三棵植栽種成三角形，可以帶來視覺的安定與平衡。植株過大的多年生草本植物應在冬天分株，避免和旁邊的一年生草本植物大小相差過多。

2. 挑選高低不同的花草，製造景深

狹小的花圃當中，應當種植分別種下高大、中等和低矮的花草。利用高低差，營造深度，增添花圃的可看性。

3. 種植時稍微傾斜，更有味道

種植前，可一邊旋轉植栽，一邊尋找最好的角度。例如：小蘗和Eremophila等，可以帶來動感的植物，與其種得筆直，不如稍微有些歪斜，使花圃顯得更自然。花圃或綠籬邊緣的植物，也會種得有些歪斜，增添自然野趣。植物的根部頂端稍微暴露在空氣中也不會影響生長。但是絕對不可以種得過深。過深的土壤會妨礙莖的生長，濕度過高時，也特別容易枯萎。

為小徑鋪設材增添氣氛的匍匐植物

Flora黑田園藝的庭園小徑多半使用枕木或木板鋪設，間隔土壤處，則鋪設草皮。我會在木板與木板之間，種植瞳草、姬岩垂草、普拉特草和草甸排草，或使用經常種植於樹木下方的黑龍和玉龍。若在寬闊的道路，單純地種植草皮也能展現一片綠油油之美。但於狹窄小徑，因日照不足，不適合種植草皮，上述的植物就是很好的替代方案。而且這些草類都是匍匐植物，稍微踐踏並不會枯死，綻放的小花也很可愛。

挑選雜貨＆擺飾
窄小的空間
正是展示重點

除了滿坑滿谷的花草之外，Flora黑田園藝的庭園另一個觀賞
的重點為：掛滿雜貨和小型花盆的牆面和小角落。以下要向
大家介紹布置的小技巧和充滿味道的場景雜貨。

無論是狹小的庭園或陽台的花圃，都能打造出美麗景緻的「植物 × 雜貨」

Flora黑田園藝利用小屋等大型物品作為庭園的焦點，裝飾植物和雜貨的牆面或架子也能成為美麗的焦點。活用植物與雜貨的相輔相成，狹窄的庭園或陽台也能打造出理想的完美場景。我認為雜貨布置的重點在於，將當季的花草點綴出季節感、色澤和生長姿態，並可利用二手古董雜貨襯托出植物的生命力。但名貴的骨董雜貨通常所費不貲，建議挑選「看起來老舊」的雜貨，或自行油漆，進行仿舊加工，也能讓無機感新雜貨，呈現有故事的懷舊風貌。

黑田流的「植物 × 雜貨」
時尚花草搭配祕訣

01. 在裝飾用花盆或花瓶中，種植帶有季節感的花草。

02. 隨意地擺放低矮的小盆栽，可為小角落增添活力。

03. 以老舊感的二手品或仿舊加工雜貨，打造復古氛圍。

04. 以重點色的現成品或手作雜貨，為花圃畫龍點睛。

05. 放置大型雜貨，增加穩定感，例如：箱子或梯子。

CASE 01

利用令人印象深刻的立體雜貨 打造一見鍾情的場景

小場景的設計靈感來自於寒冷的山區。迷你溫室裡種的是球根植物，包括水仙、藍色與白色的風信子和雪花蓮等。

以骨董畫框作為視角背景，可讓迷你溫室吸引眾人目光

橫向豎起的黑色畫框，讓原本平板的牆面變得沉穩且立體。厚重的黑色系畫框和迷你溫室中充滿生命力的花朵互相映襯，打造令人眼睛為之一亮的小角落。您覺得效果如何呢？

Happy plants and goods coordination

展示方式的注意事項

若雜貨形狀特殊，應當選擇沉穩的色調。例如鏽色的鐵器醞釀出陳舊凋零之美，與充滿生命力的植物作對比相襯。

為了讓訪客聯想到山區一景，植栽的根部鋪上枯葉與小樹枝，散發出山林微寒的氣息。

在迷你溫室旁，種植了毛茸茸的朝鮮白頭翁盆景，彷彿帶來煦煦春風，緩和了沉重的氣氛。

顏色典雅的
鳥籠雜貨

木製鳥籠
（左）φ26×H41cm
（右）φ20cm×H33cm

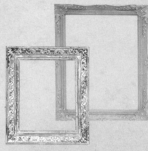

閃耀亮眼的
玻璃雕花收納罐

（左）雕花玻璃製收納罐　φ9×H19cm
（右）汽缸型玻璃收納罐　φ10×H21.5cm

重疊擺放更顯華麗的
木製雕花畫框

（左）白金雕花畫框
W28.5×D2.4×H33.5cm
（右）ANCIENT FRAME
W38×D3.5×H40.5cm

顏色與形狀各異的
數字木雕

WD.NUMBER IC
W12.5×D1 7至2.4×
H17.5至18cm

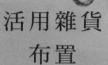

活用雜貨
布置
理想場景

鏽色金屬掛勾也能
成為牆面的裝飾

仿舊鐵製掛勾
W3×D25.5×H25cm

可以裝飾花盆的
馬口鐵聖盃

Tin Cup Stand W39×D30×H21cm

搭配不同形狀的
組合玻璃瓶

古董玻璃瓶&收納罐
（左）φ10 ×H22cm
（中）φ8.5×H24cm（右）φ7×H28.5cm

可放入植物或雜貨的
造型收納盒

白色玻璃屋收納盒
W42.5×D37×H42cm、
W33.5×H38.5cm（內部尺寸）

不同款式的蠟燭會帶來
迥然不同的氣氛

鐵製燭臺
（左）φ11.6×H26cm
（右）φ11.6×H20.5cm

CASE
02

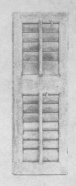

Happy plants and
goods coordination

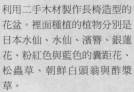

利用二手木材製作長椅造型的
花盆。裡面種植的植物分別是
日本水仙、水仙、濱簪、銀蓮
花、粉紅色與藍色的囊距花、
松蟲草、朝鮮白頭翁與酢漿
草。

展示方式的注意事項

選擇深色的雜貨當配
角。例如：深綠色和
咖啡色的骨董行李
箱，增添視覺的安定
感。

將風信子盆栽放入鋪
上麻布的藤編籃，打
造鄉村的悠閒氛圍。

甜美鄉村風的長椅型花盆&
金屬製的雜貨形成完美的平衡

長椅型的花盆裡種植粉紅小花，映襯純白的牆面，呈現甜美的氣息。
搭配鏽色金屬澆花器、行李箱和鐵鑄欄杆，彷彿南法庭園一景。

實用又有雜貨感的
金屬澆花器

古董澆花器
φ19.5×W43×H33.5cm

可當架高花檯的
金屬高腳椅

高腳椅 W45×H71.5cm
椅面 φ36cm

活用雜貨
布置
理想場景

鳥籠風的架子裡
可放入花盆

鳥籠型植物架 φ26×H39cm
開口處10.5×11cm

點綴色彩的
普普風水桶

二手錫製水桶
皆為 φ25×H21cm

適合搭配多肉植物的
馬口鐵景觀箱

迷你溫室
W29.8×D24×H37.5cm

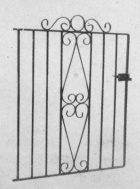

露出百葉的桿子
作擺飾也很時髦

WOODEN SINGLE SHUTTER DOOR
W38×D7.5×H108.5cm

一扇門就能打造
令人印象深刻的景觀

古董鐵門 IRON GATE
W84×D2×H104cm

簡單呈現立體感的
金屬三層架

帶鏽白架子
W30×D30×H70.5cm

活用立體的箱子
創造充滿變化的景觀

中間桌子上有兩盆合植盆栽,
後方的花盆裡種的是三色菫和
芥菜。前方的花盆裡種的是
三色菫、西洋櫻草和常春藤。
下方的紅色花盆裡種的是花毛
茛、蔓長春花、常春藤和鈕釦
藤。

Happy plants and
goods coordination

沒有花架也無妨!
推疊原木箱子當作展示架

園內利用50至70年代荷蘭人用來裝蔬菜水果的木箱,擺
飾雜貨與植物。陽台或玄關等不能架設花架的狹小空間,
也能利用箱子作為小型展示區。

展示方式的注意事項

疊放時露出箱子上的
文字或標誌,讓充滿
味道的文字與標誌形
成點綴。

大型盆栽置於地面,
小型盆栽擺放於箱子
中,帶來視覺上的穩
定感。

可放入小花盆的
裝飾鐵絲籃

BM010老舊鐵絲籃
W25×D25×H11.5cm

可開關的上蓋
讓用途更廣泛

方形鐵絲園藝箱
W41.5×D12×H13.5cm

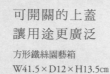

活用雜貨
布置
理想場景

老舊沉穩的
方形鐵箱

BOX GT-05
W40 × D30 × H23cm

亮眼的紅色
形成視覺焦點

阿姆斯特啤酒箱
W58×D32×H26.5cm

木箱上有味道的標誌
也是一種裝飾

比利時蘋果箱
W55×D37.5×H18cm

可收納花盆
或園藝工具的鐵箱

馬口鐵箱
W31×D31×H15cm

小小的方格
正好用來擺飾小東西

WD.Soda Tray MILITARY WOOD
W46×D9×H31cm

放置一個大箱子
即可打造印象深刻的場景

WOODEN BOX
W40.5×D20.5×H22cm

網眼的魅力在於
可消除金屬製品的壓迫感

方形鐵絲箱C
W43×D31×H24.5cm

TECHNIQUE 03

利用藤蔓或其他植物
攀爬鐵絲籃，
增添溫暖的氣息

將素燒陶盆放入鐵絲籃中，
讓藤蔓植物攀爬包覆。請記
得露出鐵絲籃的邊緣。

迷你花盆是打造場景的重點單品

擺飾於完美位置，即可提升品味

花盆表面可以利用泥土加工以增加韻味，或以植物包裹增添溫暖的氣息及生氣。
只要多花一點心思，就能呈現時髦的模樣。

鋪上苔蘚或枯葉
打造自然風的花盆

鐵絲籃加上混合的苔蘚、枯葉和枯枝，
宛如覆蓋斑剝青苔的森林小屋一隅。

TECHNIQUE 01

TECHNIQUE 02

白鐵花盆稍微加工
變得更有味道

常見的馬口鐵花盆只要利用油性著色
劑和赤玉土進行仿舊加工，便能展現
時間流逝的痕跡。

TECHNIQUE

01

利用枯葉與枯枝襯托
色彩繽紛的植栽
為小花盆的增添野趣

綠色苔蘚經常用於遮掩培土或裝飾花盆。柔
和的綠色可襯托花朵的色彩，再鋪上些許枯
枝與枯葉，增添自然的氣息。

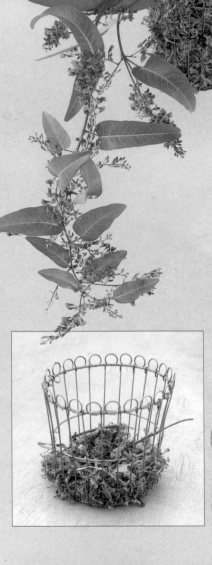

01

以3:1的比例輕輕混合
綠色苔蘚、枯枝和枯
葉，增添自然野趣。

02

花器中放入混合好的苔
蘚、枯枝與枯葉。鋪平
時稍加輕壓，使底部更
加穩定。

05

慢慢放入培土，遮住花
盆的底部。如果有放土
的小型鏟子會更方便。

06

輕輕鬆開花苗的根部。
如果根部纏繞成圓弧
狀，以手輕輕摘去底
部。

材料＆工具

鐵絲花盆
φ13×H11cm

綠色苔蘚
手掌大小 2至3堆

枯枝與枯葉
手掌大小 1堆

市售培土
適量

種苗 1盆
（小町藤）

03

將混合好的苔蘚、枯葉
與枯枝，沿鐵絲花盆的
側面包覆，並以指腹緊
壓。

04

以混合好的苔蘚、枯葉
與枯枝包覆花盆時，份
量最好多取一些。

07

放入種苗和培土。撥開
樹葉，仔細地放入培
土。

08

最後確認是否有盛水的
小皿器，如果沒有就以
混合好的苔蘚、枯葉與
枯枝防止水分滴落。

TECHNIQUE
02

全新的馬口鐵器皿經仿舊加工
浸染上古老的氣息

馬口鐵器皿會隨著時間流逝而變得越來越有味道。
不過利用油性著色劑和赤玉土，也能快速打造出相同的效果。

材料＆工具

油性著色劑　　手掌大小的花盆　　棉紗手套　　抹布或毛巾

赤玉土200g　　仿舊加工用的馬口鐵器皿

01

馬口鐵器皿會隨著時間流逝而變得越來越有味道。不過利用油性著色劑和赤玉土，也能快速打造出相同的效果。

02

抹布沾取油性著色劑，擦拭馬口鐵器皿。

03

側面也要擦拭。擦拭不勻也別具風格。

04

完成步驟3之後，沾上碾碎的赤玉土。重複步驟2到步驟4兩次，便大功告成。

增添老舊的故事感

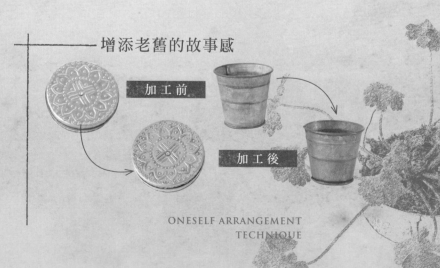

加工前

加工後

ONESELF ARRANGEMENT
TECHNIQUE

TECHNIQUE
03

庭園中的藤蔓植物
可為花盆增添自然風情

利用充滿野趣的乾燥藤蔓包裹鐵絲花盆,
就能讓盆栽與花盆合為一體。

材料＆工具

乾燥藤蔓
80cm至100cm×10根

老虎鉗

3.5號花盆種苗
（松蟲草）

鐵絲花盆
φ11×H9cm

插花用的鐵絲
＃24（36.7cm）

01
次拿起三根乾燥藤蔓,從接近花盆底部處插入花盆內部。

02
斜斜朝上方繞半圈之後,以老虎鉗扭轉鐵絲,將爬牆虎固定於花器。

03
繼續採用步驟2的方式固定乾燥藤蔓至花器頂端,反向朝底部方向繼續纏繞。重複此一步驟,直至完全包覆整個花器。

打造自然風！

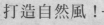

ARRANGE

柔軟的枯枝也是美麗的裝飾品！

白樺樹或橄欖樹枝
50cm×10根

柔軟的樹枝也可以用來代替藤蔓植物,以樹枝裝飾時,要用更多鐵絲固定樹枝。

Column

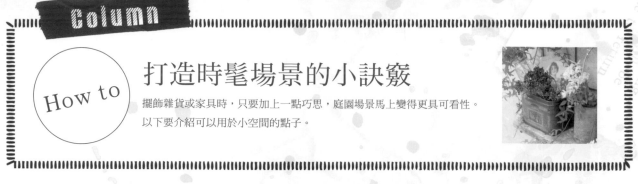

How to 打造時髦場景的小訣竅

擺飾雜貨或家具時，只要加上一點巧思，庭園場景馬上變得更具可看性。
以下要介紹可以用於小空間的點子。

scene 1

老舊的油漆刷
充滿味道
可用來當牆面掛飾

懸掛用過而變得五顏六色的油
漆刷當裝飾，巧搭斑駁牆面。

彩色影印喜歡的
雜誌內頁
可用於拼貼裝飾

板子上拼貼的是彩色影印的雜
誌部分內頁。雜誌上的紅色形
成整體的點綴。

scene 2

特殊的花盆
作為場景的主角

將P.78登場的手工長椅風花盆底部，改
成滑動式的木條，排水更加方便。

將市售的架子
加上板材加工成
雙層展示架

上面的木架是利用二手的
木板，在木板兩端鑽孔，
以鐵絲固定。改造成雙層
架子，用途更廣泛。

scene 3

嵌入藍色圖騰的磁磚
讓枕木顯得輕巧

以深茶色的枕木玄關柱子，看起來很沉
重，讓人有壓迫感。因此嵌入清爽的青
花藍圖騰磁磚，帶來輕巧的視覺效果。

scene 4

花圃中的生鏽鐵柱
襯托蔬菜的生氣

在種植葉菜類蔬菜的小花圃中，插入幾
根生鏽的鐵柱。好似裝置藝術的鐵柱襯
托蔬菜的色彩與生命力。

scene 5

scene 6

油漆家具和雜貨
襯托秋天的色彩

凳子和鐵絲盒漆成深綠色和深藍色，映
襯出秋季植物一片紅褐之美。

迷 你 溫 室 & Ｔ 字 牆

簡單DIY
提升庭園品味

無論是小屋或小型雜貨，凡是能點綴庭園的物品，Flora黑田
園藝都儘量嘗試自己DIY製作。以下要介紹的是，保護花草或
搭配雜貨的迷你溫室＆增加打造庭園角落樂趣的Ｔ字牆製作方
法，動手作作看吧！

大至小屋建築，小至鳥巢箱──
「Flora黑田園藝」
社長的
DIY教學特集

無論是構成庭園焦點的鄉村風倉庫、讓訪客休憩的長椅
或圍繞庭園的欄杆，都是DIY完成的作品。
大多是由我設計，而後交給DIY專家──黑田園藝社長製作。

第二棟是鄉村風倉
庫，成果跟設計圖
幾乎一模一樣。

鄉村風
木作倉庫
也是手作品

在賣場附近的空地
製作，先從架設骨
架開始。

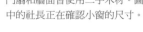

門扇和牆面皆使用二手木材。圖
中的社長正在確認小窗的尺寸。

大功告成後，
製作欄杆和種植花草。

塗上水性塗料和油性著色劑，
強調風格。

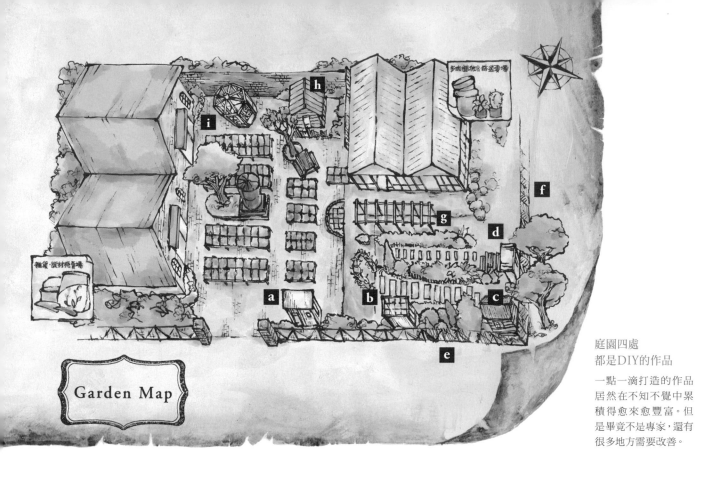

Garden Map

庭園四處
都是DIY的作品

一點一滴打造的作品
居然在不知不覺中累
積得愈來愈豐富。但
是畢竟不是專家，還有
很多地方需要改善。

a 第一次製造的公車站型小屋，設置在園藝店入口處右手邊。小屋的水藍色門扇帶來視覺的清涼感。可以坐在這裡悠閒地挑選花苗。

b 第二棟公車站型小屋成果也相當不錯。可以坐在長椅上，觀賞花圃與花架上的花草。

c 這裡是第一棟設置的鄉村風倉庫。用來收納打造庭園時，實際所需的園藝工具。

d 第三棟公車站型小屋位於櫻花樹下，為圍籬旁的花圃帶來焦點。

e 採用通風良好的鐵絲網來製作通道邊的欄杆，部分改用蘆葦簾，打造自然風格。

f c和d內側的綠色欄杆採用人膽的V字形設計，木板之間的縫隙可讓空氣流通。

g 褐色的木製花架全長約12m，春天時開滿了木香花和蔓性玫瑰。

h 這裡是新打造的鄉村風倉庫，門扇的鐵件漆成仿鏽蝕，讓場景更有復古感。倉庫附近也種滿植栽。

i 此處設置了八角形的白色小屋。組合屋頂的八支骨架時，耗費了一番功夫，但是這棟小屋為庭園帶來了優雅的氣息。

小東西也 DIY

小屋的長椅

小屋擺放了可供訪客休息的木製長椅。

小鳥用的鳥巢箱

擺設用的白樺木作鳥巢箱，屋頂使用了鍍鋅鋼板。

餵食野鳥用的小屋

擺放飼料，餵食野鳥，同時也是點綴花圃的雜貨。

開開心心DIY，學習妝點花園
嘗試挑戰製作迷你溫室和T字牆吧！

想不想動手作作看本書中用於點綴庭園的DIY作品呢？
作法簡單的迷你溫室和T字牆都有加強場景印象的魔力喔！

T字牆的作法
請參考P.100 ☞

可種植花苗或裝飾雜貨，用途超廣泛！
迷你溫室

OPEN!

迷 你溫室不製作底板，而是從上方蓋住植物，保護植物不受冬日寒風的侵襲或防止霜害。仿舊加工使迷你溫室和復古時尚的雜貨十分相襯；也可將蓋子釘死，內部放置雜貨當作展示櫃。

096

迷你溫室的作法
Mini Conservatory

材料

■ 木材

A（20×30×540mm）…… 6根
B（20×30×450mm）…… 2根
C（20×30×390mm）…… 2根
D（20×30×300mm）…… 2根
E（20×30×245mm）…… 2根
F（20×30×143mm）…… 2根
G（20×30×83mm）…… 2根
H（20×30×457mm）…… 2根
I（20×30×425mm）…… 2根
J（20×30×293mm）…… 2根
K（20×30×165mm）…… 2根
L（20×30×150mm）…… 2根

■ PVC板（910×600mm・厚0.5mm）…… 2片
■ 木釘 （φ3.8×L45mm）……44根
　　　 （φ3.8×L20mm）……66根
■ 絞鍊 （63×30mm）……2個（附螺絲）
■ 把手 （95×5mm）……1個（附螺絲）
■ 塗料 （水性・水藍色）……約10ml
　　　 （水性・白）……約50ml
■ 油性著色劑……適量
■ 乾土……適量

工具

【組裝用】
電鑽
木釘用鑽頭（φ3mm）
仿舊加工用鑽頭（φ2.8mm）
鋼角尺
美工刀（大）
壓克力專用美工刀（小）
鋸子

【油漆用】
棉紗手套
破布
刷子和盆子
打包用透明膠帶
砂紙（粗）

［ 作 法 ］

01. 裁切兩側的木材和PVC板

側面的木材H（2根）的兩端、J（2根）、K（2根）、L（2根）的一端、背面的D（2根）的兩端、前面的F（2根）的兩端，依P.98插圖所示的尺寸斜切。利用壓克力專用美工刀，依P.98插圖所示的尺寸裁切PVC板。

02. 斜切連接頂端的木材

背面與前面連接頂端的木材A的一端斜切。長的一端後退7mm，標示裁切線。為了方便裁切，先用鋸子以間隔5mm的距離留下割痕，再用美工刀以削鉛筆的方式裁切。

03. 組裝框架

組裝方式請參考P.98插圖。為了避免鎖L45mm的木釘時導致木材裂開，請先以電鑽鑽孔。

部位組裝

※單位皆為 mm

頂端

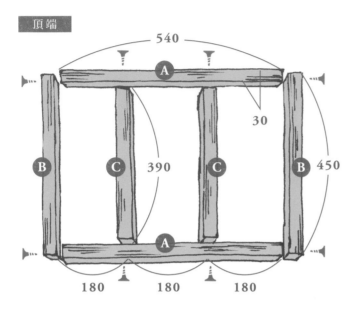

540
A
30
B C 390 C B 450
A
180 180 180

背面

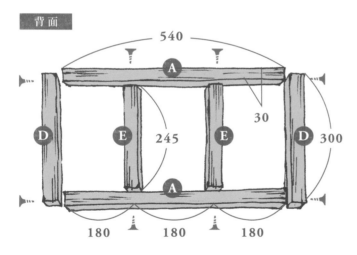

540
A
30
D E 245 E D 300
A
180 180 180

前面

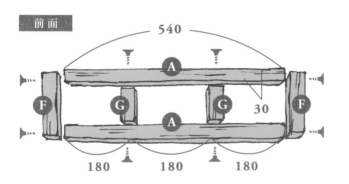

540
A
F G G 30 F
A
180 180 180

側面

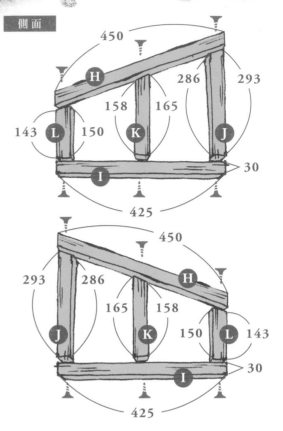

450
H
286 293
158 165
143 L 150 K J 30
I
425

450
293 286
165 158
J K 150 L 143
I 30
425

兩側放大圖

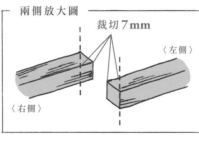

裁切 7 mm
〈右側〉 〈左側〉

H（2根）的兩端、
J（2根）、K（2
根）、L（2根）、
D（2根）、F（2
根）的一端依左圖
所示斜切。

PVC板尺寸

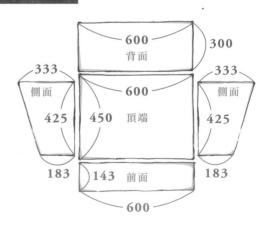

600 300
背面
333 333
側面 600 側面
425 450 頂端 425
183 143 前面 183
600

04. 木材修邊

為了打造老舊感,為木材修邊。先以美工刀大致修過,再替換電動鑽頭,以細的鑽頭鑽洞,並適當地加上孔洞,會更有味道。

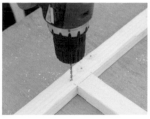

05. 加上把手和鉸鍊

頂端的木框加上把手和鉸鍊。把手的位置在頂端的中心。以電鑽鑽孔,再以木釘固定把手。

整 體 組 裝

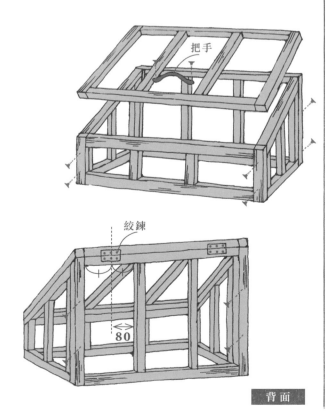

把手

絞鍊

80

背 面

06. 上漆

以刷子沾取少量水藍色塗料,隨意塗抹。上漆時別忘了絞鍊。上漆後以破布沾取著色劑,塗滿木框。塗裝完成後撒土,戴上棉紗手套輕輕撒土,抹在木框上。最後整體塗上白色塗料,放至半乾。

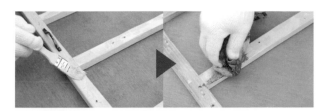

07.
木釘也要上漆

在廢板材上釘上8根L45mm和所有L20mm的木釘,釘頭塗裝白色塗料。等待白色塗料全乾後,塗上油性著色劑。

08.
仿舊加工

步驟6的塗料半乾時,以打包用的透明膠帶剝除部分塗料,再塗上著色劑、撒土,並以粗砂紙磨除部分塗料,製造斑駁效果。

09. 安裝PVC板和組裝

以L20mm的木釘固定PVC板。組裝木框時,請注意木釘的位置,避免碰撞。以L45mm的木釘固定前後,組裝溫室整體。最後在背後木框上安裝絞鍊,便大功告成了。

庭園裡設置牆面，打造立體展示空間
Ｔ字牆

不易傾倒的Ｔ字牆，形狀簡單，製作方法也不困難。乾淨的牆面有襯托植物的效果。縱向利用牆面也是一種呈現方式，例如：放置植物、桌椅、裝上架子或掛勾。

一起來作
白色Ｔ字牆

[配合庭園大小，改變尺寸]

降低高度的
小型Ｔ字牆

若院子狹小，可製作小型Ｔ字牆。即可活用陽台用的植物掛勾作各種裝飾。

縮短寬度，
改為小空間

配合場地大小，減少側邊的木板數量，縮短寬度。Ｔ字牆背後可放置資材或工具。

T字牆的
作法

■ 木材
木框A（90×28×1400mm）　……　4片
木框B（90×28×1178mm）　……　3片
木框C（90×28×1795mm）　……　3片
側板　（90×13×1380mm）　……　59片
■ 木釘　（φ3.8×L60mm）　……　30根
　　　　（φ3.3×L35mm）　……　354根
■ 塗料　（水性・白色）　……　500ml左右

鋼角尺
捲尺
電鑽
刷子和盆子

[作 法]

01.

製作兩種木框

參照圖示，以2片木框A的板材和3片木框B的板材，製
作框(あ)；以2片木框A的板材和3片木框C的板材製作
框(い)。兩種木框都是在木框A的板材上鑽洞，並以φ
3.8×L60mm的木釘固定。

※單位皆為mm

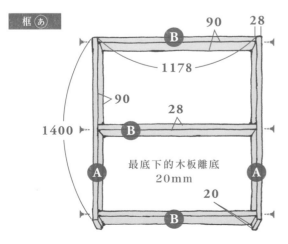

框(あ)

90　28
B
1178
90
28
B
1400
A　　　A
最底下的木板離底
20mm
20
B

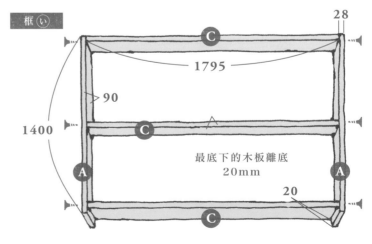

框(い)

28
C
1795
90
C
1400
A　　　A
最底下的木板離底
20mm
20
C

02.
組合兩種框架

參考框架與側邊木板組合的方式，框(い)約莫固定於框(あ)第8片木板的位置，以木釘固定。敲打時請斜斜地敲打。

03.
單面豎起木板，塗上水性塗料

框(い)單面木板為18片，框(あ)外側單面為12片。木板的間距相等。由於木板的大小多半不一，固定前應試著擺放，調整間隔的尺寸。固定好之後，內外兩側皆塗上白色塗料。

04. 擺上塗成白色的木板

把塗上白色塗料且放置乾燥的木板，固定於框(い)與框(あ)的內側，便大功告成了。

側面木板的配置圖 ※單位皆為mm

固定側面板子的順序為
A面→B面→C面→D-1面→D-2面

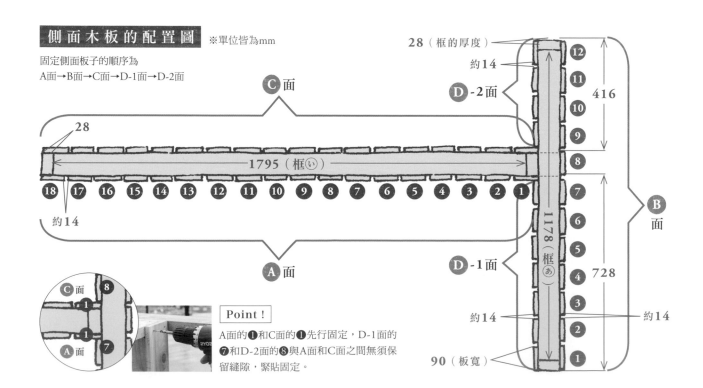

Point !

A面的❶和C面的❶先行固定，D-1面的❼和D-2面的❽與A面和C面之間無須保留縫隙，緊貼固定。

組合框架

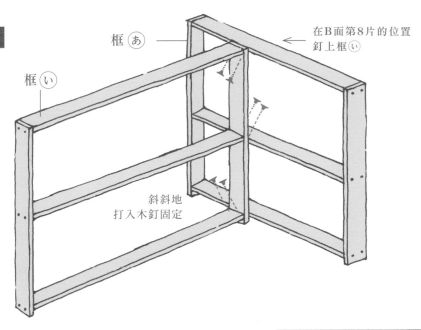

框あ

框い

在B面第8片的位置
釘上框い

斜斜地
打入木釘固定

側面木板的固定法

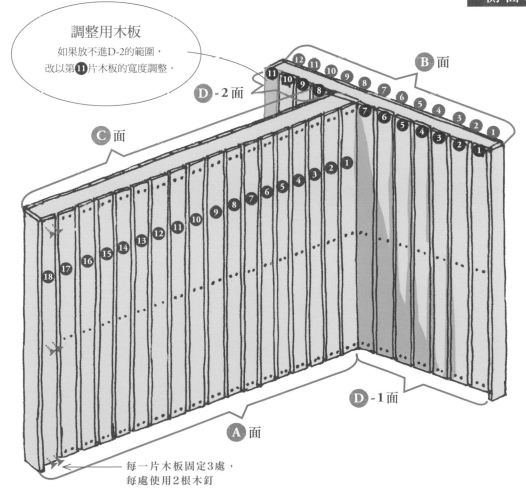

調整用木板

如果放不進D-2的範圍，
改以第**11**片木板的寬度調整。

D-2面

B面

C面

A面

D-1面

每一片木板固定3處，
每處使用2根木釘

完美打造
T字牆的訣竅！

木板的尺寸會因為乾
燥和裁切的方式而產
生誤差，建議一邊測
量實際尺寸，一邊施
作。例如先在框架上
擺滿側面用的木板，
剩餘的寬度除以17和
11，就能分別算出A
面、C面與B面間的縫
隙的大小。

随心所欲更換塗裝顏色

更換牆面的顏色
就能改變場景的氣氛！

T字牆可為庭園增添趣味，換個顏色，整體的印象便會迥然不同。

以下要介紹木作的仿舊加工法，為牆面增添復古的味道。

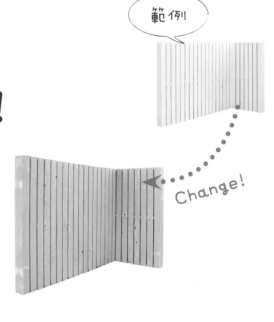

範例

Change!

[油漆工程]

01.

木塊捲上砂紙，輕輕磨平牆面。

02.

油漆刷沾取拌好的油漆，從邊緣開始一片一片塗抹。

03.

以砂紙磨擦邊緣，為牆面增添使用痕跡。

04.

以布沾取油性著色劑，塗抹油漆剝落的部分。

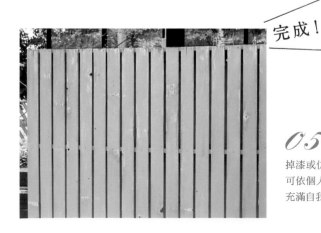

完成！

05.

掉漆或仿舊加工的程度，可依個人喜好增減，完成充滿自我風格的牆面。

淡綠色與淺綠色塗料，
以1：1的比例混合攪拌。

■ 水性塗料
The Rose Garden Color's Laurier　150ml
The Rose Garden Color's Peppermint　150ml

油性著色劑　適量

工具

調色盤與油漆刷

砂紙（粗）和木塊

輕質量杯

毛巾‧布塊

Before　　　　　After

好想打造得更有味道……

摩擦木紋或以前留下的打釘痕跡，仿舊
加工會更加自然。

木紋

釘痕

裝飾牆面的
Technique

設置小型架子
以便打造擺飾的空間

利用L型的鐵件，將架子或淺盒固定在
T字牆上。利用充滿味道的二手材料，
或採用與油漆牆面相同加工方式製成
架子的木板，以統一牆面的氛圍。

Column

How to

享受園藝攝影的 **樂趣**

雖然是自己親手打造的庭園，依舊會出現令人怦然心動的時刻。為了留下片刻美好，總是會毫不猶豫地按下快門。這幾年以來，我已經拍攝了超過一萬八千張的庭園寫真。

我的相機

「Canon EOS Kiss X4」是我的好夥伴，也是我擁有的第二台EOS Kiss系列相機。拍照唯一重點就是「夾緊腋下」！（笑）

寂寥的庭園清晨

面對旭日升起，植物們有著不一樣的風情。
趕緊拍下眼前特別的光影！

四季的花園印象

以單眼記錄花朵在不同季節裡的明豔動人、
楚楚動人樣貌與秋紅葉的耀眼。

庭 園 的 歲 時 記

同一角度、不同時期的照片,記錄庭園
各種時期的變化。

捕 捉 植 物 的
美 麗 姿 態

每株植物的獨特樣貌令人驚艷
不已,促使攝影師按下快門捕
捉自然之美。

大 受 好 評 的
D I Y 雜 貨

拍下自己DIY的作品,
記錄每個好點子。

打 動 心 靈 的
庭 園 一 景

庭園的景觀會隨著時間推
移,場景隨之變化,按下快
門捕捉令人感動的一瞬。

將想傳達的圖文
上傳至BLOG

將庭園中的花草、滿意的
DIY成品和藝術盆植的攝
影,與園藝心得,分享在
BLOG!

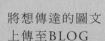

http://members3.jcom.home.ne.jp/flora/

在植物豐饒的春&秋

玩賞花藝
享受花×草配置的樂趣

春季與秋季的植栽物種繁多,可以挑戰各種花草的盆植組合。
美麗的配置不僅適用於庭園花圃,也可運用於合植盆栽和花
圈。恰逢花草種類豐富的季節,不妨發揮創意,打造動人的小
栽花藝吧!

華麗絢爛的春天
SPRING

春天的花朵種類豐富，Flora黑田園藝的店面也擺滿各式花苗。在這日照溫和的季節哩，不僅是花苗愉快成長的時期，也是適合挑戰各類花草合植的最佳時刻。

合植的魅力在於可以輕鬆的移動。擺放在庭園，可以讓庭園熱鬧起來；迷你的合植盆栽也是送出花禮的好選擇。配合花卉的顏色改造花盆的顏色，打造專屬自己的合植盆栽吧！

色彩豐富的秋天
AUTUMN

秋天的庭園充滿大地色系的葉子、花朵與果實，總是深深
打動我的心。每逢這個季節，我便會創造溫柔連結不同植
物的花圈。充滿秋季色彩的花圈，帶來心靈的平和寧靜。

愈到晚秋，庭園的色彩愈來愈單調。此時將秋季花圈隨意
擺在椅子上或掛在牆上，就能令人怦然心動。彩色果實的
花圈格外引人注意，被周圍的枯黃襯托得耀眼。

111

SPRING

適合溫暖日光的
春天合植盆栽

花束形的花藝盒充滿
春天美麗的花卉

　　以鮮豔粉紅的西洋櫻草為主，打造宛如春天使者的美麗盆植。置於花朵之間和纏繞馬口鐵花盆的嫩綠常春藤是花藝的重點。

PLANTS LIST

A 西洋櫻草（粉紅）
B 西洋櫻草（紅色）
C 厚葉石斑木的果實（切枝）
D 銀葉麥桿菊
E 薜荔
F 常春藤
G 常春藤（TF）

以嬌柔純潔的白玫瑰
打造凜然清爽的合植

　　白色的迷你玫瑰搭配漆成土耳其藍的空罐。以生鏽的廢棄空罐襯托白色玫瑰楚楚可憐的形象，形成簡單卻令人印象深刻的合植盆栽。紫藤纏繞空罐，加強自然風。

PLANTS LIST

A

A 白玫瑰

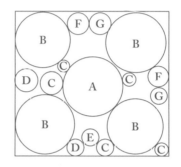

SPRING 春天的合植盆栽

花藝的形象是
春風吹拂的悠閒草原

春天的小花四散各處，繽紛的色彩點點綻放，帶來溫柔的氣息。甜甜圈造型的花籃合職著小湯匙粉紅迷你玫瑰&萊姆綠的鐵線蓮。兩者之間保持適當的空間。添加紫色的香雪球凝聚焦點。

略帶冬天餘色的早春色調
正是多肉合植花藝的魅力

多肉植物隨著春天腳步接近，變得愈來愈有精神。嫩綠色多肉組合了因
春寒料峭呈現褐紅色澤的多肉，組合成一盆如同珠寶盒般多采多姿的花藝。
多肉植物的自然色彩，無論擺放於何處都不顯突兀。

PLANTS LIST

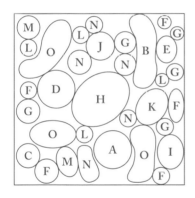

A 莎薇娜
B 姬朧月
C 大和美尼
D 銀明色
E 野玫瑰
F 小圓刀
G 京童子
H 群月花
I 璀璨寶石
J 伊利亞
K 厚葉月影
L 猿戀葦
M 大衛
N 龍血
O 圓扇八寶

AUTUMN

以顏色沉穩的
花朵與果實打造

秋季的花圈

色彩漸層絕艷的
菊花團簇花圈

庭園裡盛開的重瓣菊花顏色眾多，有橘色、黃色和深紅色。摘下後插在插花的海綿上，插的時候將同色系放在一起，促使漸層更加醒目，遠看也引人注目。

PLANTS LIST

A 菊花（Dark Triumph）
B 菊花（Braak Sunny）
C 菊花（coreopsis）

採來後院結實纍纍的
橘子編成花圈

剪下20公分帶枝的橘子，插在市售的葡萄藤花圈上。樹枝的正中間和頂端以鐵絲固定。觀察果實的縫隙調整位置。將橘子改成檸檬也很可愛喔！

簡單卻又獨特
花謝後也很迷人的常春藤

這個花圈的花材是來自野生的健康常春藤。將葉子和果實分別插在插花用海綿上，形成份量十足的綠意花圈。作法簡單且十分醒目。詳細作法請參考P.122。

充滿野趣的
蛇葡萄花圈

蛇葡萄是我從附近森林摘來的花材。我有時候會在散步經過的森林或原野，採來需要的花材。作法很簡單，只要把蛇葡萄纏繞在市售的葡萄藤花圈上即可。大自然所條配的深沉顏色真是太厲害了。不管怎麼搭配都很時髦。

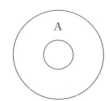

PLANTS LIST

A 橘子

PLANTS LIST

A 常春藤

PLANTS LIST

A 蛇葡萄

小空間也能享受花藝的樂趣
懸掛盆植

利用回收的材料打造框架
自由地懸掛各式花盆

　　組合廢棄的材料釘成框架。完成後釘上釘子，利用S型掛勾和鐵絲懸掛種植垂下的草莓和鐵線蓮的花盆。掛上花盆的框架就像一幅春天的畫，可以用來裝飾牆面，斜靠在牆面上也十分可人。

PLANTS LIST

A 鐵線蓮
B 四季草莓
C Ruby necklace
D cooperi
E 茜之塔
F 姬笹
G 波羅尼花、柳穿魚（皆為切花）
H 魯冰花、法國小菊（皆為切花）

懸掛盆植如音符般
帶來律動

　　低矮的木頭欄杆底部種植三色堇，牆面懸掛種植香堇草與香草的迷你花盆。把欄杆當作畫布，自由交錯雞屎藤等植物的藤蔓，增添動感。

DIY的木架上 隨意擺放秋天的植物

　　古老的木板兩端打洞，以生鏽的鐵絲固定在牆上製成開放式的架子。架上恣意長滿秋天的植物。刻意挑選大小不一的花盆與空罐，隨意懸掛或放置，營造自然悠閒的氛圍。添加爬藤植物，更可增添氣氛。

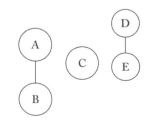

PLANTS LIST

A 百里香
B Viola sororia
C 紅斑三葉草
D Viola sororia
E 香堇菜

PLANTS LIST

A 山牛蒡
B 綠之鈴
C 香雪球
D 三色堇
E 常春藤
F 鐵線蓮
G 三色堇、常春藤、灰光蠟菊

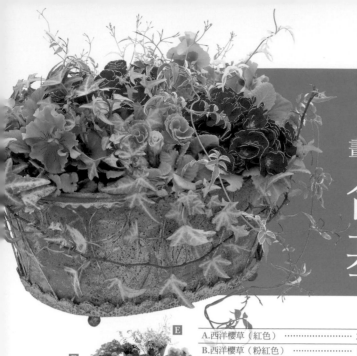

畫龍點睛的小訣竅！

合植盆栽
基礎課程

A.西洋櫻草（紅色）⋯⋯⋯⋯⋯⋯ 2株
B.西洋櫻草（粉紅色）⋯⋯⋯⋯⋯ 1株
C.西洋櫻草（淡粉紅色）⋯⋯⋯⋯ 1株
D.三色菫（橘色）⋯⋯⋯⋯⋯⋯⋯ 2株
E.多花素馨 ⋯⋯⋯⋯⋯⋯⋯⋯⋯ 1株
F.常春藤 ⋯⋯⋯⋯⋯⋯⋯⋯⋯⋯ 1株

a. 花盆（馬口鐵製的橢圓形盆，盆底有洞）
   W30×D23.5×H13.5cm
b. 盆底石　適量
c. 市售培土　適量
d. 肥料　根據說明使用
e. 花盆底網

1 盆底依序鋪上底網、盆底石與培土，厚度分別為2至3公分。

2 選擇不會對根部造成負擔的長效性化肥，依使用方法，加入適當的份量。

3 主題是「圓滾滾的花束」。把花苗放進花盆，確認主角的位置，調整整體結構。

4 溫柔地鬆根，並摘掉枯萎的葉子與花朵。

摘掉過於盤根錯節的根部，促進移植後生根。

5 若操作者為右撇子，可從後方開始以逆時針方向種植，效率較好。

6 放入花苗與培土後，輕輕將培土攏近花苗。請不要壓得太密實。

7 花盆頂端邊緣放入葉片小的植物。種植時立起植物，保持適度的空間。

8 種植位於花盆最高點的花苗，以最高處為中心，作出山的感覺。

9 如果作為最高點的花苗高度不夠，則在花苗下方填土。

10 前方種植作為主角的花苗，挑選能讓主苗顯得最美的角度種植吧！

11 確認左右兩側是否以最高點的花為中心，形成隆起的山形。

12 在與步驟7相反方向的花盆邊緣放入葉片小的植物，隱藏裸露的培土。

13 種完之後的模樣。主角採用紅色的西洋櫻草，形成完美的配置。

稍加修飾

變得更時髦

植物覆蓋不到之處和花盆的正面添加爬藤植物。

14 大功告成！從植物與植物的縫隙之間，稍微可以看到花盆是最完美的呈現。

完成！

俯視時的模樣

作法超簡單，
自由搭配各種花草！
花圈基礎課

A.帶果實的直立常春藤
… 2至3枝（約50cm）

A

b　**c**　**d**　**a**

a.臉盆（φ23cm以上、H5cm以上）
b.插花海綿　φ20cm
c.美工刀
d.園藝用剪刀

1 臉盆裝滿水，放入插花海綿。海綿吸水沉至臉盆底後取出。

2 為了避免完成後尺寸過大，以美工刀修剪插花海綿的高度，降低約5mm。

3 美工刀修圓插花海綿內側與外側，使得花圈完成時呈現自然的弧度，更加美麗。

4 每一叢果實的適當尺寸為蛋形大小，斜切後留下2公分長的枝枒。

5 每一根小樹枝保留2至3片葉片。枝枒的剪法與帶果實的枝枒相同。

6 以2公分的間隔，從插花海綿外側插入剪好的葉片。

7 依照步驟6的方式，沿插花海綿外側插滿一圈葉片，讓海綿若隱若現。

8 內側與外側的插法相同。但是插內側時，要填滿外側的縫隙。

9 兩側插完之後，以葉片補滿完全空白的部分。

10 花圈上方插上六枝果實，間隔相同。如果果實叢太小，同一處可插2至3叢。

11 插完之後觀察整體情況，補足果實。

12 以小叢的果實補足內側與外側份量不足的部分，間隔隨意而定。

13 初步完成的樣子。由於花材簡單，花圈的感覺會隨著插法而有所不同。

稍加修飾

變得更時髦

隨意剪下突出花圈的葉片。

手捲葉片，看起來更加自然。

完成！

14 令人滿意的成果！保留花圈正中央的圓形空洞，讓花圈更加顯眼美麗。

我剛開始正式著手打造庭園時，發現種在庭園角落大盆栽裡的橄欖樹已經失去了活力。花盆底部擠滿了橄欖樹的根，無法繼續生長。正好想在剛剛建造完成的鄉村風倉庫附近種下一棵庭園的象徵樹。於是將橄欖樹移植到庭園裡，期盼橄欖樹能恢復健康，讓庭園變得更加熱鬧。

不久之後——

　　橄欖樹彷彿要證明庭園才是真正屬於它生長的環境。移植後，葉子馬上恢復油亮的顏色，枝葉也開始舒展開來。經過數個月，橄欖樹成為了健康雄偉的庭園象徵，根部獲得延伸，順利找到新的養分。原來只要時常照拂，植物就會以健康活潑的姿態回報，這才是它原本的模樣。第一次發現植物必須生根於大地，才能發揮原有的活力。雖然主角是橄欖樹，但我想這個原理可通用於所有植物。

以前的我不過是培養苗種、合植或移植根部長滿花盆底部的植物。自從開始打造夢想中的庭園，覺得自己隨著季節轉換，更加了解植物。

今天的我也一邊想著要打造什麼樣的場景才能讓心愛的植物更加美麗，一邊走向我的庭園……

黑田健太郎

Profile　Flora黑田園藝（位於琦玉縣琦玉市）的員工，為Flora黑田園藝社長的長子。1975年出生，從小在植物環繞的環境下成長。透過部落格「Flora的園藝作業日記」記錄嘗試打造自然風庭園的過程，一舉成為人氣部落客。尤其拿手打造懷舊的庭園場景和合植盆栽。目前在雜誌《Garden & Garden》連載，另有著作《作花圈&玩雜貨：黑田健太郎的庭園風花圈×雜貨搭配學》（噴泉文化館出版）。

K. Kentaro

綠庭美學 03
Green garden aesthetics

我的第一本花草園藝書（暢銷版）

花木植栽 × 景觀設計 × 雜貨布置・
讓庭園染上四季之彩

作　　　者／黑田健太郎
譯　　　者／陳令嫻
發　行　人／詹慶和
選　書　人／Eliza Elegant Zeal
執 行 編 輯／李佳穎・劉蕙寧
編　　　輯／蔡毓玲・黃璟安・陳姿伶・陳昕儀
封 面 設 計／陳麗娜
美 術 編 輯／陳麗娜・周盈汝・韓欣恬
內 頁 排 版／造極
出　版　者／噴泉文化館
發　行　者／悅智文化事業有限公司
郵政劃撥帳號／19452608
戶　　　名／悅智文化事業有限公司
地　　　址／新北市板橋區板新路 206 號 3 樓
電　　　話／(02)8952-4078
傳　　　真／(02)8952-4084
網　　　址／www.elegantbooks.com.tw
電 子 信 箱／elegant.books@msa.hinet.net

2016 年 8 月初版一刷　2020 年 5 月二刷　定價 450 元

KENTAROU NO GARDEN BOOK by Kentaro Kuroda
Copyright © 2012 NHK Kentaro Kuroda
All rights reserved.
Originally published in Japan by FG MUSASHI Co., Ltd.
Chinese (in traditional character only) translation rights arranged with
FG MUSASHI Co., Ltd. through CREEK & RIVER Co., Ltd.

經銷／易可數位行銷股份有限公司
地址／新北市新店區寶橋路 235 巷 6 弄 3 號 5 樓
電話／(02)8911-0825
傳真／(02)8911-0801

國家圖書館出版品預行編目資料

我的第一本花草園藝書：花木植栽 × 景觀設計 ×
雜貨布置・讓庭園染上四季之彩／黑田健太郎著；
陳令嫻譯 . -- 二刷 . -- 新北市：噴泉文化館出版：
悅智文化發行 , 2020.05
　　面；　公分 . -- (綠庭美學；3)
ISBN　978-986-98112-8-6(平裝)

1. 園藝學　2. 栽培

435.11　　　　　　　　　　　　　　　 109005991

Making of our garden

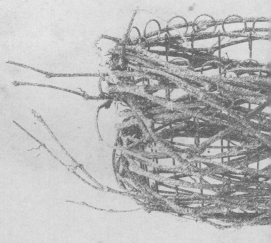

紐約森呼吸
愛上綠意圍繞的創意空間

川本諭◎著　定價：450 元

以植物點綴人們．以植物布置街道．以植物豐富你的空間

Deco Room
with
Plants
in NEW YORK

Making of our garden